MOLTING IN ARTHROPODS

令人歎為觀止的
昆蟲蛻皮
圖鑑

安田守／著　何姵儀／譯
臺北市立動物園昆蟲館館長 唐欣潔／審訂

透過288種美麗「蟲蛻」
來探索昆蟲世界的奧祕

尋找蛻皮

這是一本與蛻皮，也就是昆蟲蛻殼有關的入門書，介紹了棲息在日本的288種昆蟲以及6種蜘蛛等節肢動物所留下的558種蛻皮。

在調查這些蛻皮時，建議大家先參考「實際大小蛻殼一覽表」（P.15～39）的圖片，再對照物種解說尋找答案，這樣或許會比較輕鬆。但要留意的是除了昆蟲種類，這些蛻皮所代表的成長階段也會有所不同，至於要如何尋找與調查，將會在下一頁解說。

現在就讓我們拿著這本書，一起來「觀察蛻皮」吧！

目錄

蛻皮的照片

蛻皮的解說
「蛻皮（1→2齡）」
「第一齡期的幼蟲變成第二齡期時所蛻下的皮」

物種解說

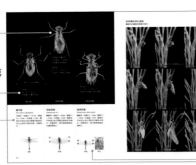

蛻皮場景的連拍照片

成蟲與幼蟲的照片

昆蟲的蛻——成長與蛻皮

收集蛻殼的理由

　　我正在收集昆蟲蛻殼。

　　從小我就和大多數的人一樣會收集蟬蛻。明知沒什麼用處，卻也不知不覺地收集了一籮筐。

　　蟬蛻的表面油光晶亮，眼睛部分清澈透明，栩栩如生，然而背部卻整個裂開，而且裡頭空無一物，只有一絲白線微露。這些堅硬的蟬蛻只要一放在手上，皮膚就會立刻被腳爪勾住。公園裡隨便一棵樹都能找到如此迷人又美麗的東西，牠們非但不會驚慌失措，四處逃竄，還能任君採擷。或許是這個原因，我手上的蟬蛻才會越來越多。

　　《風之谷》這部經典動畫片裡出現了一隻貌似鼠婦的巨大生物，叫做王蟲。王蟲蛻皮之後留下了空殼（也就是說，牠和昆蟲一樣是節肢動物）。這個異常堅固的外殼可製成刀具武器或砲艇裝甲，透明的半球狀眼睛則可用來製作駕駛艙的擋風玻璃及護目鏡。作者堅持以蟲蛻為主題的設定，應該是和小時候的我一樣，從外型優美的蟬蛻中得到靈感而來的。

　　我專門拍攝生物，經常和昆蟲打交道，尤其是毛蟲（蝶類及蛾類的幼蟲）。我會一邊飼養毛蟲一邊觀察，因為只要有養，就一定會留下糞便與蛻殼。

　　毛蟲蛻皮時頭殼通常會分離掉落（身體部分大多會吃掉）。這個頭殼又小又硬，而且還有眼睛，簡直就是一個在活生生的毛蟲臉上壓模套取的模型。終齡的毛蟲在化蛹時，體皮會變成一個連接頭殼的外殼。第一齡幼蟲蛻皮之後，這些隨著成長越來越大的毛蟲頭罩以及羽化後留下的蛹殼就成了我小小的收藏品。這麼做，其實還不錯。

　　雖然我從小就對蟬蛻如數家珍，但是其他蟲類的蛻殼卻幾乎不曾出現在圖鑑裡，更別說是毛蟲了。這些蛻殼要是能好好研究的話不知會多有趣呀！這麼想的我，於是決定收集其他昆蟲蛻殼。

　　我曾經到蜻蜓可能會羽化的水邊尋找蜻蜓稚蟲，也就是水薑留下的蛻，也曾到河岸上等待蚜蟌羽化。但是就算跑到野外，也找不到獨角仙或天牛的幼蟲在土壤裡或木材上生長時所留下的蛻殼。為了滿足自己的慾望，我開始飼養幼蟲。想要得到這些蛻殼不能只靠找，還要試圖捕捉到牠們蛻皮的場景。

　　利用這種方式得到的昆蟲蛻殼簡直就是花不迷人人自迷。像螳蟲與螳螂的蛻就算褪色，外型依舊不變；棲息在河岸的蜻蜓留下的羽化蛻沾上泥巴之後，看起來就像是古代生物。竹節蟲的蛻輕薄細長，只要風起，就會被吹走；而獨角仙與天牛的蛹殼則是皺巴巴的，根本就看不出形狀。相形之下，堅硬的蟬蛻就顯得牢固又特別了。

　　昆蟲打從一出生就會朝向成蟲這個進程慢慢成長。一旦成年，幼蟲和蛹的模樣就不再復見。不過在成長的過程當中，昆

日本油蟬的羽化蛻

蟲反而會把自己關在皮殼裡，所以這些空
殼就成了昆蟲的成長紀錄。

　　剛開始收集昆蟲蛻殼時最讓我感到困
擾的，就是除了一部分的蟬，其他昆蟲根
本就沒有什麼圖鑑或資料可以參考。就昆
蟲總數來講，數量或許微不足道，但是為
了造福那些和我一樣想要收集及調查昆蟲
蟲蛻的人，我還是決定把自己的蛻收集品
彙整成冊。那就是這本書。

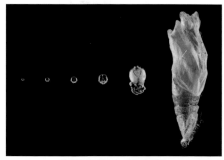

收集的毛蟲蛻殼（柑橘鳳蝶）

大刀螳螂的羽化蛻

昆蟲的身體與體壁

　　昆蟲的體皮在成長的過程當中會直接脫落。然而我們人類卻不會如此，皮膚要是老舊了，頂多像皮屑那樣不知不覺地剝落，只有曬傷脫皮的時候才會特別留意。人類的皮膚原本就富有彈性，而且非常柔軟。而蟬蛻之所以會讓我特別感到好奇，說不定就是因為我們的皮膚不如牠們的堅硬。

　　昆蟲中的甲蟲外殼特別堅硬，最有名的就是同為象鼻蟲科的球背象鼻蟲（*Pachyrhynchus*），日本的八重山群島甚至還有黑堅象鼻蟲（*Pachyrhynchus infernalis*）這個種分布。這種象鼻蟲體長雖然只有十幾公釐，卻無法用指尖捏碎，做成標本時外殼更是硬到連針都無法穿透。這應該是為了防禦鳥類等天敵演化而來的吧。但是有必要讓自己的身體硬到這種程度嗎？這個例子或許極端，不過蝗蟲與螳螂的身體也比人類健壯不少。就是因為硬度夠，昆蟲的這些蛻殼才有辦法保留下來。

　　昆蟲的體壁之所以會如此堅硬，其因在於牠們的體壁不僅擁有保護身體，以免受到外界傷害這個基本功能，還能當作骨架來支撐身體。

　　像人類這樣的脊椎動物，通常是靠內骨骼這個堅硬的骨骼系統在體內支撐身體。除此之外，骨骼還可以成為肌肉的附著點，讓身體得以活動。相形之下，昆蟲之類的節肢動物因為體內沒有堅硬的骨骼組織，只好改以讓外側體壁變得更加堅硬的方式，也就是利用外骨骼的結構來支撐

甲蟲的體壁非常堅硬（黑堅象鼻蟲）

體壁可以保護身體，不受外界傷害（籬螽斯）

利用外側皮膚來支撐身體（日本油蟬腹部剖面圖）

身體。

昆蟲的體壁主要是身兼皮膚及骨頭這兩種功能的表皮層（Cuticula）組織。

提到結構，表皮層是構成表皮的細胞在皮膚外層分泌的堅韌保護膜。這種情況在生物界非常普遍，非昆蟲獨有。覆蓋在人體毛髮表面的角質層也是一種常見的表皮層，具有保護毛髮的功能。而植物葉片表面也有一層以蠟為成分的表皮層，可讓葉片表面更加油亮，例如山茶花。

昆蟲的表皮層有好幾層，每層的性質與作用各有不同，分為上表皮與原表皮。

外側的上表皮薄且硬，能夠防止身體水分蒸發或微生物入侵；內側的原表皮較厚，外層（外表皮）堅硬，主要當作支撐身體的骨骼以及肌肉的附著點，但若遇到需要彎曲的關節部位或者是幼蟲軀體需要伸展的部位，這一層就會變得較薄或不連續。至於內層則是尚未硬化的皮層（內表皮）。由此可見，將不同性質的皮層一一堆疊以滿足其所需的硬度與柔軟度算是昆蟲皮膚的一大特徵。

就成分來看，昆蟲的表皮層主要是由幾丁質及蛋白質所構成。幾丁質是一種類似植物纖維素的纖維狀物質，作用相當於建築物中的鋼筋，並且包覆在蛋白質之下以補強，層層堆疊之後進而產生硬度。

被厚實的表皮層覆蓋的體壁雖然可以保護身體，維持體態，卻非完美無缺，因為其所擁有的堅硬會讓幼蟲在成長的過程當中受到束縛。

幼蟲軀體的皮膚有一定的彈性，可讓容積增加十幾倍。以家蠶為例，剛孵化的一齡幼蟲和五齡（終齡）幼蟲的體長約差二十五倍，體重更是相差將近一萬倍。無奈的是，昆蟲皮膚的彈性並不足以承受變化幅度如此龐大的生長。

為此，昆蟲開始隨著成長階段蛻去外皮。在脫下老舊皮膚的那一刻，身上其實早已穿上事先在內側準備好的大一號新皮膚。這就是蛻皮的機制。

越長越大的幼蟲會一次又一次地蛻皮。完全變態的昆蟲會先經過蛹期這個特殊階段，而從幼蟲變為成蟲的每個階段也幾乎都會呈現不同的形態。昆蟲留下蛻殼的原因，在於蛻皮在成長的過程當中是一個不可避免的步驟。

家蠶 一齡幼蟲和五齡幼蟲（倍率相同）

如何蛻皮

　　蛻皮前的幼蟲會處於不吃不喝、動也不動的睡眠狀態。細胞（真皮細胞）會在皮膚上分裂成圓柱形，讓表皮因為表面張力而開始分離。接下來是分泌蛻皮液，讓內含的酵素分解內表皮，在被細胞重新吸收的同時，於內部（細胞外側）形成新的原表皮。如此一來，新的原表皮和舊的外表皮之間就會處於剝離狀態。快要羽化的蛹之所以看起來會有點白白的，原因就在於此，因為這種情況代表牠們快要蛻皮了。

　　開始蛻皮之前，昆蟲會先吸入空氣和水，將血液輸送到蛻皮線的脆弱部位施壓。皮膚裂開時，通常會從頭胸一直延續到腳及腹部，只要腹節末端脫落，蛻皮就算完成。

　　此時剝落的舊表皮稱為「蛻」，在生物學上稱為蛻皮（exuvia）。除了體外皮膚，蛻皮還包括了前後腸[1]和氣管[2]等部分體內膜。像是出現在蟬蛻（羽化蛻）背部裂縫中的白絲線，就是內敷在氣管上的一種膜。

　　蛻皮之後，新表皮會因為局部增加的血壓而擴張，並隨著時間推移而變硬，形成分層結構。最為顯而易見的是翅膀伸長，原本縮成一團的翅膀蛻皮之後會慢慢舒展開來。我曾經看過翅膀整個縮在一起無法展翅飛翔的蝴蝶和飛蛾，這種情況是因為牠們羽化蛻皮之後在舒展翅膀的過程當中遇到某些問題所導致的。

　　提到蛻皮，一般人腦海裡通常都會浮現皮膚慢慢剝落的畫面。其實這掉落的並不是皮膚細胞本身，而是細胞的分泌物，也就是表皮層的其中一部分，剩下的都會被消化、吸收再利用，有些昆蟲蛻皮後甚至會把外殼吃掉。蛻皮是成長的一個必要過程，而且還會重複數次。如此煞費苦心的構造，目的無非是為了讓損失降到最低。

白粉蝶 即將羽化的蛹（左）和羽化後的成蟲（中、右）

1　前腸・後腸：昆蟲的消化器官由前腸、中腸及後腸所構成，中腸以外的部位會覆蓋一層表皮層。
2　氣管：用於呼吸的管狀結構。通往體表的孔眼，也就是氣門。

7

變態

　　大多數的昆蟲幼蟲和成蟲在翅膀及生殖器官發育等方面上皆有差異。在成長過程當中，牠們的身體結構若是出現巨大變化，這種現象就稱為「變態」。

　　外貌終其一生幾乎沒有什麼變化的，稱為「無變態」。這類昆蟲屬於少數派，有衣魚（蠹魚，Lepisma saccharina）與石蛃（Microcoryphia），以及與昆蟲關係較近的原尾目（Protura）、雙尾目（Diplura）和彈

無變態的例子（石蛃的一種）

不完全變態的例子
（從上到下為負蝗的一齡若蟲、終齡若蟲及成蟲）

尾目（Collembola）。除了生殖器官，從孵化到成蟲外形上幾乎毫無改變。

　　蜉蝣、蜻蜓、蝗蟲、椿象等昆蟲的發育過程稱為「不完全變態」。牠們沒有蛹期，不過若蟲（或稚蟲）會先蛻皮數次，之後再慢慢變為成蟲。打從幼生時期開始，翅基就會從外側發育出可見於形的翅芽，一旦羽化蛻皮變為成蟲，翅膀就會完整成形，生殖功能也會一應俱全。在不完全變態的情況之下，若蟲（或稚蟲）與成

蟲的生活場所若是像蜉蝣或蜻蜓那樣變化大的話，身體構造與呼吸等結構就會跟著大幅改變。

　　順帶一提，蜉蝣還有一個其他類昆蟲沒有的亞成蟲階段。亞成蟲有翅膀，可飛翔，但要再蛻皮一次才會變為成蟲。由於亞成蟲尚未具備成蟲所擁有的求偶或產卵行為，故有人認為這是稚蟲期的最後階段，但也有人認為是成蟲的特殊階段。但像希氏埃蜉這種不需要等到變為成蟲，只

前黑姬雙尾蜉的亞成蟲（上）與成蟲（下）

要進入亞成蟲階段就會產卵的情況亦廣為人知。

　　甲蟲、蝴蝶、蜜蜂、蒼蠅等昆蟲的發育形式屬於完全變態，幼蟲在變為成蟲的過程當中會經歷蛹期。昆蟲在幼生期就算蛻皮，形態上通常不會有太大的改變。即使要長翅膀，也只會在體內進行，因此我們無法看到幼蟲變化的狀態，一直要到變成蛹之後，翅膀之類的成蟲器官才會裸露在外。完全變態昆蟲的幼蟲和成蟲外貌幾乎完全不同，兩者各司其職。幼蟲的作用在於成長，成蟲的作用則是生殖與繁衍。

　　不管是哪一種變態，幼蟲都會以蛻皮的次數來劃分階段及齡期。從卵孵化而來的幼蟲稱為一齡幼蟲，蛻過一次皮之後稱為二齡幼蟲，接著是三齡、四齡……依此類推，而化蛹前的最後一個階段則是稱為終齡幼蟲或老熟幼蟲。若以最常飼養的蝴蝶類為例，鳳蝶科與粉蝶科以五齡居多，

灰蝶科大多為四齡，蛺蝶科四至七齡，至於弄蝶科則是四至八齡，範圍稍微廣泛。蜉蝣目昆蟲的蛻皮次數更多，通常超過十次，有的甚至多達四十次。

　　蛻皮變為成蟲的發育過程稱為羽化，而完全變態的幼蟲為了結蛹而蛻皮的過程則是稱為化蛹。化蛹及羽化過後留下的蛻皮型態通常與幼生期蛻下的皮不同，因此本書將化蛹時期的蛻殼稱為化蛹皮，羽化時期的蛻殼稱為蛹殼，以便將其區別開來。

完全變態的例子（由上依序為幼蟲、蛹、成蟲）

9

昆蟲蛻殼與蛻皮的點點滴滴

昆蟲蛻皮的方法因蟲而異。

蛻皮並不代表丟棄空殼。像異色瓢蟲與馬鈴薯瓢蟲在化蛹時就不會完全褪下蛻皮，而是褪至尾端附近即告一段落。這種情況就好比我們在脫褲子的時候只把褲子拉到腳踝這個地方，也就是只脫一半。這麼做的原因，應當是幼蟲就只有尾端這個部位會黏著在化蛹處上，要是蛻下的皮整個脫下來，身體就會落地。所以這類昆蟲羽化之後所留下的通常是化蛹皮與蛹殼合為一體的空殼。

化蛹的異色瓢蟲

化蛹之際以尾端支撐身體的鱗翅目大多為蛺蝶科。幼蟲成熟之後會吐絲編織一個絲座，並將尾足[3]（原足）（末端有類似魔鬼氈的刺毛叢）倒掛在上。化蛹時體皮會朝尾端開始脫離，待最後蛻到腹節末端時，這層皮就會掛在絲座上，也就是呈「倒懸」狀態。第一次看到這種情況時，心裡頭一直納悶這個蛹為什麼都不會掉下來。一查，才知道蛹第十節的腹面有個特別的小小突起物叫做「垂

懸器」。當垂懸器從舊皮中伸出後，蛹便能藉以附著於絲座。

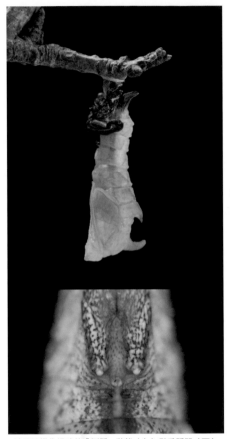

流星蛺蝶化蛹時的「倒懸」狀態（上）與垂懸器（下）

鞘翅目的黑緣紅瓢蟲、紅點唇瓢蟲與微條金龜屬昆蟲化蛹時不會蛻皮。正確來講，這些昆蟲化蛹時體皮會從背面整個筆直裂開，與內側的身體剝離，但是化蛹這個過程卻是在化蛹皮內完成，所以牠們羽化之後才會留下一個蛹殼與化蛹皮重疊的空殼。

3　尾足（原足）：鱗翅目幼蟲位在第10腹節末端的腹足。

幼蟲的皮膚裡有個蛹（黑緣紅瓢蟲）

大多數的雙翅目昆蟲化蛹後都不會蛻皮。以果蠅為例，成熟的幼蟲移動到化蛹處之後就會靜止不動，但在經過一段時間之後就會變成褐色，這已經是蛹的階段了。幼蟲體皮會直接變硬，並在裡面結蛹，這樣的蛹稱為圍蛹。圍蛹殼前端有個容易切裂的部分，彷彿一個蓋子，羽化時會沿著線條裂開。而絕大多數的蠅蛹都是圍蛹，如食蚜蠅、綠蠅和肉蠅。

羽化時像蓋子一樣打開（果蠅科昆蟲）

蟊斯、鐮尾露螽及竹節蟲等直翅類的昆蟲蛻皮後會立刻把皮吃掉，不過這樣的舉動應該不是成長的必要條件，畢竟我們有時還是可以在野外找到牠們留下的蛻皮。會這麼做，有可能是因為這個蛻皮就算分量非常少，還是可以當作營養來補充。然而對於一個蟲蛻收藏家而言，這樣的蛻皮收集不易，勢必要親自看著昆蟲蛻皮，並且在被牠們吃掉之前趕緊回收才行。

若是Y紋龜金花蟲類的幼蟲，蛻下的

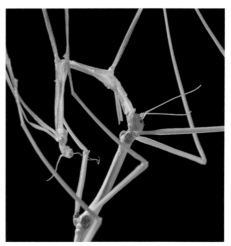
羽化後會食用蛻皮（短肛竹節蟲）

皮用途就不同了。牠們蛻皮之後非但不會丟棄蛻皮，還會直接將其黏在尾部背著走。等到下次蛻皮時，褪下的皮就會直接黏在尾巴上。這些舊皮每次蛻皮就會依序連在一起，將背整個覆蓋住，充分發揮藏身的偽裝功能。也就是說，牠們的幼蟲會在葉子上面化蛹，但留下蛻皮，並且將其推到尾部附近。所以羽化之後，第一次蛻皮到羽化為止的所有蛻皮都會連在一起。像二星龜金花蟲的幼蟲不僅會非常專業地將所有蛻下來的皮連成一串，連糞便也會順便黏在上面。

蘋米瘤蛾（*Evonima mandschuriana*）的幼蟲（圖鑑部未刊載）利用空殼的方式

背著一串蛻皮的Y型龜金花蟲幼蟲

如何找到昆蟲蛻殼

昆蟲蛻皮之後一定會留下蛻殼，但大多數的蛻小又脆弱，容易丟失。就這點而言，蟬的羽化蛻就顯得碩大又結實，只要不受風吹雨打，一年後說不定還掛在原地呢。不管是神社、公園還是森林，只要眾多蟬隻羽化的夏天一到，大家說不定就能在這些棲息之地找到蟬蛻喔。

除了蟬，另一個比較容易找到的就是蜻蜓的羽化蛻。春夏兩季只要找找水邊植物，多少會發現一些羽化蛻，草叢裡說不定還可以搜尋到螳螂或螽斯的蛻皮。如果是民宅周圍，種在庭院裡的山椒、橘子樹，或者是家庭菜園裡的高麗菜上應該也會找到蝴蝶的蛹殼。這些昆蟲蛻殼都是相對好找。

也相當奇特。鱗翅目幼蟲的蛻頭部大多會與軀體分離，但是蘋米瘤蛾蛻皮時非但不會丟棄頭殼，反而還將其堆在頭部背側。只要一蛻皮，頭殼就會從底部堆疊，所以終齡（假設為八齡）幼蟲的背部才會出現一齡到七齡的頭殼層層堆疊奇異景象，看起來和圖騰柱簡直沒有兩樣。

頭殼層層堆疊的蘋米瘤蛾幼蟲

殘留在水邊的烏帶晏蜓羽化蛻

若想多收集幾種蛻殼，那就要事先掌握每種昆蟲的棲息環境及羽化期，之後再針對目標一一尋找。

以習慣在水面羽化的蜉蝣為例，他們的羽化蛻通常會直接被水沖走；如果是在岸邊羽化的石蠅或春蜓類昆蟲，只要波浪稍微高漲，羽化蛻就會流失。因此，我們一定要事先調查好昆蟲羽化的時期、時間與出現可能性高的地點，並且直接在羽化現場採集。

想要在野外找到羽化蛻以外的蛻皮並不容易，若要得到這些蛻，勢必要採集幼蟲來飼養才行。如果是飼養箱，就算是不起眼的蛻皮也會比較容易找到。而像螽斯這種蛻皮前會亂蹦亂跳、蛻皮後就會把皮吃掉的昆蟲若要取得牠們的蛻殼，最好的方法就是養在家裡。

而另外一個訣竅，就是尋找蛾的空繭，看看裡頭有沒有蛻。尤其是蠶蛾科與天蠶蛾科的繭非常結實，裡頭通常會殘留化蛹皮與蛹殼。同樣地，刺蛾科的繭（冬季的繭是活的前蛹[4]，所以要找已經開蓋，也就是前一年留下的空繭）和蓑蛾科的蓑巢（譯註：黏附在植物上的幼蟲巢袋）裡頭也能夠採集到蛻殼。

留在繭中的蛹殼及化蛹皮
（左起為黃刺蛾、端褐蠶蛾和雙黑目天蠶蛾）

昆蟲以外的節肢動物具有相同的外骨骼結構，所以牠們蛻皮之後也會留下蛻，而本書亦刊載了好幾種。

比較容易得到的蛻是蜘蛛類，尤其是那些會吐絲結網的蜘蛛所留下的蛻通常都會黏在網上，不算難找。另外，在飼養鼠婦或糙瓷鼠婦時只要耐心觀察，就會發現牠們蛻皮時會分前後兩半（不過蛻皮之後會把皮吃掉）。節肢動物還包括了蠍子與塵蟎等螯肢類、蜈蚣與馬陸等多足類，以及蝦子與螃蟹等甲殼類。照理說，這些動物應該都會留下非常漂亮的蛻殼，但我還沒有那個機會得到手就是了。

如何找到昆蟲蛻殼

昆蟲的蛻大多非常脆弱，處理時必須小心謹慎。

在野外發現昆蟲蛻時，要先用鑷子等工具解開腳爪勾住的地方，不然就是連同附著的植物一起剪下來。再來就是確實記錄採集的年月日、地點以及狀況等資訊。搬運時要先將蛻殼放在底片空盒、管瓶或者是食物的保鮮盒中。如果能使用已經分格的方形收納盒更好，因為這樣就可以先將好幾種標本分門別類之後再收納。不過空殼若是乾燥，輕輕一撞就會破損，所以裝盒時最好將植物的新鮮葉片當作緩衝材放在容器裡面。

蛻殼帶回家之後先放在培養皿之類的開放式容器裡晾乾。特別是在水邊採集的蜻蜓等蟲蛻通常較為潮濕，容易發霉，因此要先整個晾乾，之後再連同採集資訊一起裝盒保存。

4　前蛹：即將化蛹的幼蟲。通常會在蛾繭內化蛹。

收集的昆蟲蛻殼要是越來越多，用來保管的容器最好統一規格，這樣比較好管理。像我是用「新PP採樣瓶」（Maruemu®）這個系列的4號、5號及6號這幾個型號的瓶子來保存。有些標本要在容器內放緩衝材，但儘量不要用面紙或脫脂棉花，否則當我們在收或拿時，這些蛻會非常容易因為勾住而破損。我們也可以先把標本放入剪成適當大小的塑膠袋裡之後再輕輕放入容器中，這樣標本比較不容易晃動。

深入了解蛻殼種類最確實的方法，就是多加實際觀察昆蟲蛻皮或羽化的場面，再利用圖鑑調查羽化的標本究竟是何種成蟲。

在野外發現的昆蟲蛻殼必須以此為線索來調查。如果是蟬的羽化蛻，我們可以利用本書或其他圖鑑的檢索表來調查確認。然而大多數昆蟲的蛻殼特徵並不明確，加上其外觀通常都是幼蟲型態（完全變態的話則為蛹的模樣），所以最適合的參考書就是幼蟲圖鑑。如果是蜻蜓，通常可以找到網羅不少種類的相關圖鑑，只要標本狀態良好，結合分布地區及棲息環境等資訊，當能認出不少種類的蜻蜓才是。然而前述這些昆蟲以外而且種類豐富的幼蟲圖鑑寥寥無幾，所以當我們在調查昆蟲種類時，希望大家可以參考書末刊載的參考文獻。

採集容器一例（底部鋪了新鮮葉片）

保存容器一例（塑膠袋裁好之後放在裡面當緩衝材）

整理過後收藏在標準容器中的昆蟲蛻殼

實物大小蛻殼一覽表

■蜉蝣目　■襀翅目　■毛翅目

羽化蛻　　蛻皮
（幼蟲→　（亞成蟲→
　亞成蟲）　　成蟲）

大黑斑小蜉
⇨ p.46

羽化蛻　　蛻皮
（幼蟲→　（亞成蟲→
　亞成蟲）　　成蟲）

前黑姬雙尾蜉
⇨ p.44

羽化蛻　　蛻皮
（幼蟲→　（亞成蟲→
　亞成蟲）　　成蟲）

日本蜉蝣
⇨ p.45

蛻皮
（亞成蟲 → 成蟲）

松村高翔扁蜉
⇨ p.46

蛻皮
（亞成蟲→成蟲）

姬雙尾蜉
⇨ p.44

蛻皮
（亞成蟲→成蟲）

四節蜉屬昆蟲
⇨ p.44

蛻皮
（亞成蟲→成蟲）

二叉高翔扁蜉
⇨ p.46

羽化蛻

斑紋角石蛾
⇨ p.49

羽化蛻

節石蠅
⇨ p.48

羽化蛻

黃緣襟石蠅
⇨ p.48

羽化蛻

**姬石蠅
屬昆蟲** ⇨ p.48

羽化蛻

沼石蛾屬昆蟲
⇨ p.49

羽化蛻
■ 三葉黃絲蟌
→ p.55

羽化蛻
■ 翡翠絲蟌
→ p.55

羽化蛻
■ 大藍絲蟌
→ p.55

羽化蛻
■ 朝比奈珈蟌
→ p.56

羽化蛻
■ 黃腹細蟌
→ p.57

羽化蛻
■ 葦笛細蟌
→ p.57

羽化蛻
■ 深山珈蟌
→ p.56

羽化蛻
■ 黑翅珈蟌
→ p.56

羽化蛻
■ 隼尾蟌
→ p.57

羽化蛻
■ 錢博細蟌
→ p.58

羽化蛻
■ 米氏晏蜓
→ p.58

羽化蛻
■ 黑紋晏蜓
→ p.58

羽化蛻
■ 烏基晏蜓
→ p.59

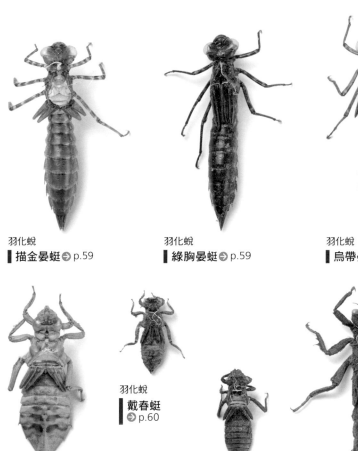

羽化蛻
▌描金晏蜓 ➔ p.59

羽化蛻
▌綠胸晏蜓 ➔ p.59

羽化蛻
▌烏帶晏蜓 ➔ p.60

羽化蛻
▌戴春蜓
➔ p.60

羽化蛻
▌細鉤春蜓
➔ p.60

羽化蛻
▌姬黑春蜓
➔ p.62

羽化蛻
▌無霸勾蜓
➔ p.63

羽化蛻
▌長唇春蜓
➔ p.62

羽化蛻
▌擴腹春蜓
➔ p.62

羽化蛻
▌日本古蜓
➔ p.63

17

羽化蛻
▌慧眼弓蜓 ⊃ p.63

羽化蛻
▌圓弓蜻 ⊃ p.64

羽化蛻
▌李氏赤蜻
⊃ p.64

羽化蛻
▌褐頂赤蜻
⊃ p.64

羽化蛻
▌秋赤蜻
⊃ p.66

羽化蛻
▌赤衣蜻蜓
⊃ p.66

羽化蛻
▌褐帶赤蜻
⊃ p.67

羽化蛻
▌焰紅蜻蜓
⊃ p.66

羽化蛻
▌黃紉蜻蜓
⊃ p.67

羽化蛻
▌短痣蜻蜓
⊃ p.67

羽化蛻
▌小紅蜻蜓
⊃ p.68

羽化蛻
▌薄翅蜻蜓
⊃ p.68

羽化蛻
▌白刃蜻蜓
⊃ p.68

羽化蛻
▌扶桑蜻蜓
⊃ p.69

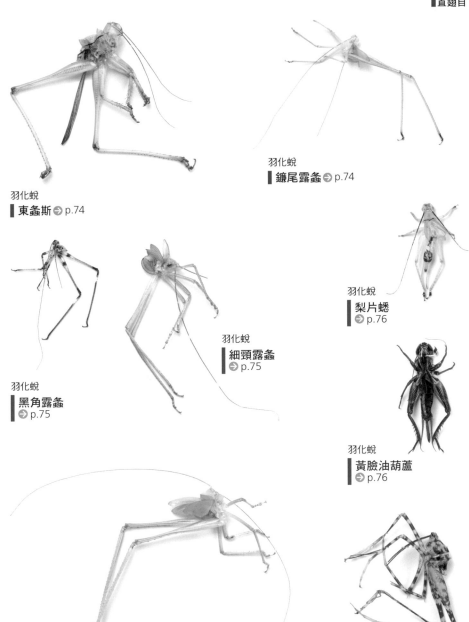

羽化蛻
東螽斯 → p.74

羽化蛻
鐮尾露螽 → p.74

羽化蛻
黑角露螽
→ p.75

羽化蛻
細頸露螽
→ p.75

羽化蛻
梨片蟋
→ p.76

羽化蛻
黃臉油葫蘆
→ p.76

羽化蛻
日本綠螽
→ p.75

羽化蛻
突灶螽
→ p.76

蛻皮　　　　　羽化蛻

■螻蛄
➔ p.77

羽化蛻

■小翅稻蝗
➔ p.78

羽化蛻

■日本鳴蝗
➔ p.80

羽化蛻

■負蝗
➔ p.77

羽化蛻

■日本菱蝗
➔ p.77

蛻皮　　　　　　　　　　　羽化蛻

■中華劍角蝗 ➔ p.78

蛻皮　　　　羽化蛻

■雛飛蝗 ➔ p.80

蛻皮　　　　　　　　　　　　　　　　　羽化蛻

■東亞飛蝗 ➔ p.80

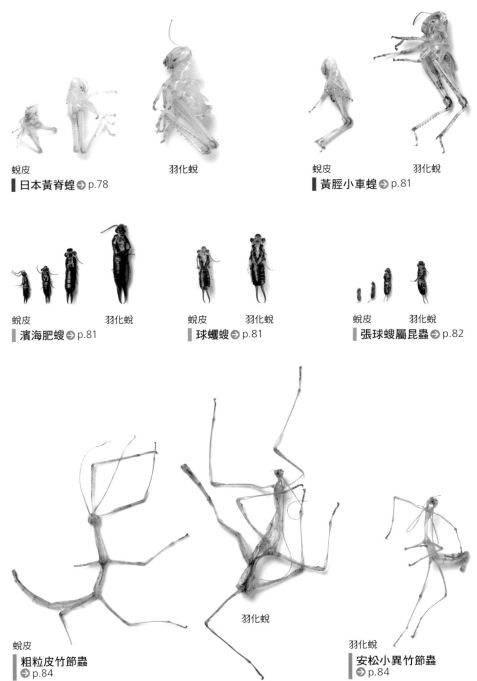

蛻皮　　　　　　羽化蛻
▌日本黃脊蝗 ➡ p.78

蛻皮　　　　　　羽化蛻
▌黃脛小車蝗 ➡ p.81

蛻皮　　　　　羽化蛻
▌濱海肥螋 ➡ p.81

蛻皮　　　羽化蛻
▌球螻螋 ➡ p.81

蛻皮　　　　羽化蛻
▌張球螋屬昆蟲 ➡ p.82

羽化蛻

蛻皮
▌粗粒皮竹節蟲
➡ p.84

羽化蛻
▌安松小異竹節蟲
➡ p.84

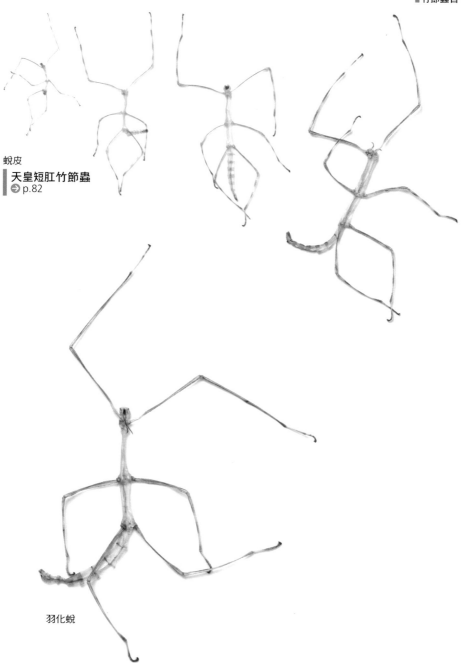

蛻皮
｜天皇短肛竹節蟲
→ p.82

羽化蛻

蛻皮
中華大刀螳
⊋ p.84

羽化蛻

羽化蛻
寬腹斧螳
⊋ p.86

羽化蛻
日本家蠊
⊋ p.86

羽化蛻
日本姬蠊（廣紋小蠊）
⊋ p.86

羽化蛻
矮小圓蠊
⊋ p.87

羽化蛻
蟪蛄
➡ p.92

羽化蛻
八重山蟪蛄
➡ p.92

羽化蛻
黑岩蟪蛄
➡ p.92

羽化蛻
小蝦夷蟬
➡ p.92

羽化蛻
蝦夷蟬
➡ p.93

羽化蛻
紅蝦夷蟬
➡ p.93

羽化蛻
屋久島蝦夷蟬
➡ p.93

羽化蛻
紅脈熊蟬
➡ p.95

羽化蛻
日本熊蟬
➡ p.95

羽化蛻
日本油蟬
➡ p.95

羽化蛻
琉球油蟬
➡ p.96

羽化蛻
四本春蟬
➡ p.96

羽化蛻
蝦夷春蟬
➡ p.96

羽化蛻
姬春蟬
➔ p.98

羽化蛻
沖繩姬春蟬
➔ p.98

羽化蛻
岩崎姬春蟬
➔ p.98

羽化蛻
日本暮蟬
➔ p.98

羽化蛻
寒蟬
➔ p.99

羽化蛻
大島寒蟬
➔ p.99

羽化蛻
岩崎寒蟬
➔ p.99

羽化蛻
黑岩寒蟬
➔ p.100

羽化蛻
竹蟬
➔ p.100

羽化蛻
斑透翅蟬
➔ p.100

羽化蛻
端黑蟬
➔ p.101

羽化蛻
姬草蟬
➔ p.101

羽化蛻
唭唭小蟬
➔ p.101

羽化蛻

▌鞘圓沫蟬
→ p.106

蛻皮　　羽化蛻

▌白帶尖胸沫蟬
→ p.106

羽化蛻

▌竹內刺沫蟬
→ p.106

羽化蛻

▌雙斑沫蟬
→ p.107

羽化蛻

▌黑尾大葉蟬
→ p.107

羽化蛻

▌小耳葉蟬
→ p.107

羽化蛻

▌條紋廣翅蠟蟬
（鉤紋廣翅蠟蟬）
→ p.109

羽化蛻

▌青蛾蠟蟬
→ p.109

蛻皮　　羽化蛻

▌碗豆蚜
→ p.109

蛻皮

▌栗大蚜
→ p.111

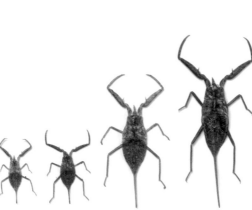

蛻皮

羽化蛻

▌日本紅娘華 → p.111

蛻皮

羽化蛻

▌霍氏蠍蝽 → p.111

蛻皮
▌狄氏大田鱉 ➔ p.112

羽化蛻

羽化蛻　　　羽化蛻　　　蛻皮　羽化蛻　羽化蛻　　　羽化蛻
▌度氏暴獵蝽　▌紅脊長蝽　▌環紋黑緣椿象　▌一點同緣蝽　▌甘藍菜蝽
➔p.112　　　➔p.112　　　➔p.113　　　➔p.114　　　➔p.117

羽化蛻　　　羽化蛻　　　羽化蛻　　　羽化蛻　　　羽化蛻
▌鈍肩普緣蝽　▌威氏嬌異蝽　▌斑點龜蝽　▌拉維斯氏寬盾蝽　▌七星盾背椿象
➔p.114　　　➔p.114　　　➔p.115　　　➔p.115　　　➔p.115

羽化蛻　　　羽化蛻　　　羽化蛻　　　羽化蛻　　　羽化蛻
▌蝦殼椿象　▌茶翅蝽　▌碧蝽　▌東方稻綠蝽　▌紫藍曼椿象
➔p.116　　　➔p.116　　　➔p.116　　　➔p.117　　　➔p.117

化蛹皮　　蛹殼
四星埋葬蟲
➔ p.122

化蛹皮　　蛹殼
金邊青花金龜
➔ p.124

化蛹皮　　蛹殼
東方微條金龜
➔ p.125

化蛹皮
日本大龍蝨
➔ p.122

化蛹皮　　　蛹殼
日本小鍬形蟲
➔ p.122

化蛹皮　　蛹殼
小青花金龜
➔ p.124

化蛹皮　　蛹殼
豔青銅昆蟲
➔ p.125

化蛹皮　　　蛹殼
大虎斑花金龜
➔ p.125

化蛹皮・蛹殼
黑緣紅瓢蟲
➔ p.126

化蛹皮
獨角仙
➔ p.124

蛹殼

化蛹皮・蛹殼
紅點唇瓢蟲
➔ p.126

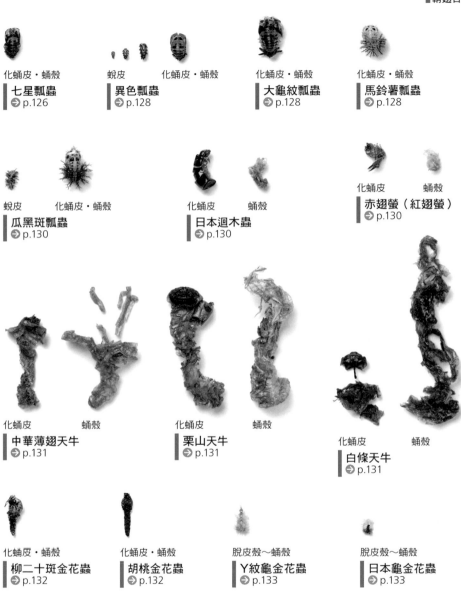

化蛹皮・蛹殼
七星瓢蟲
➔ p.126

蛻皮　　　化蛹皮・蛹殼
異色瓢蟲
➔ p.128

化蛹皮・蛹殼
大龜紋瓢蟲
➔ p.128

化蛹皮・蛹殼
馬鈴薯瓢蟲
➔ p.128

蛻皮　　　化蛹皮・蛹殼
瓜黑斑瓢蟲
➔ p.130

化蛹皮　　　蛹殼
日本迴木蟲
➔ p.130

化蛹皮　　　蛹殼
赤翅螢（紅翅螢）
➔ p.130

化蛹皮　　　蛹殼
中華薄翅天牛
➔ p.131

化蛹皮　　　蛹殼
栗山天牛
➔ p.131

化蛹皮　　　蛹殼
白條天牛
➔ p.131

化蛹皮・蛹殼
柳二十斑金花蟲
➔ p.132

化蛹皮・蛹殼
胡桃金花蟲
➔ p.132

脫皮殼～蛹殼
Y紋龜金花蟲
➔ p.133

脫皮殼～蛹殼
日本龜金花蟲
➔ p.133

蛻皮～蛹殼
金斑龜金花蟲
➔ p.134

蛻皮～蛹殼
二星龜金花蟲
➔ p.134

化蛹皮　蛹殼
端刺金花蟲
➔ p.132

化蛹皮　蛹殼
蔬菜象鼻蟲
➔ p.134

化蛹皮　蛹殼
傑克爾捲葉象鼻蟲
➔ p.135

頭殼

蛹殼

頭殼

青鳳蝶
→ p.142

頭殼

白紋鳳蝶
→ p.143

化蛹皮　　蛹殼

麝鳳蝶
→ p.142

化蛹皮　　蛹殼

冰清絹蝶
→ p.142

化蛹皮

木蘭青鳳蝶
→ p.142

頭殼　　化蛹皮

黑鳳蝶
→ p.143

頭殼

化蛹皮　　蛹殼

柑橘鳳蝶
→ p.143

頭殼

化蛹皮　　蛹殼

黃鳳蝶
→ p.143

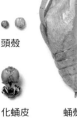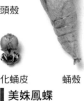
頭殼

化蛹皮　　蛹殼

美姝鳳蝶
→ p.144

頭殼

化蛹皮　　蛹殼

德氏翠鳳蝶
→ p.144

頭殼

綠帶翠鳳蝶
→ p.144

頭殼　　蛹殼

黃尖襟粉蝶
→ p.144

頭殼

化蛹皮　　蛹殼

白粉蝶（紋白蝶）
→ p.145

頭殼

化蛹皮　　蛹殼

北黃蝶
→ p.145

頭殼

化蛹皮　　蛹殼

斑緣點粉蝶（紋黃蝶）
→ p.145

頭殼　　蛹殼

銀斑小灰蝶（銀灰蝶） → p.146

頭殼　　蛹殼

墨點灰蝶（長尾小灰蝶、癩灰蝶） → p.146

蛹殼

黑帶華灰蝶
→ p.146

頭殼　　化蛹皮

寬帶燕灰蝶
→ p.147

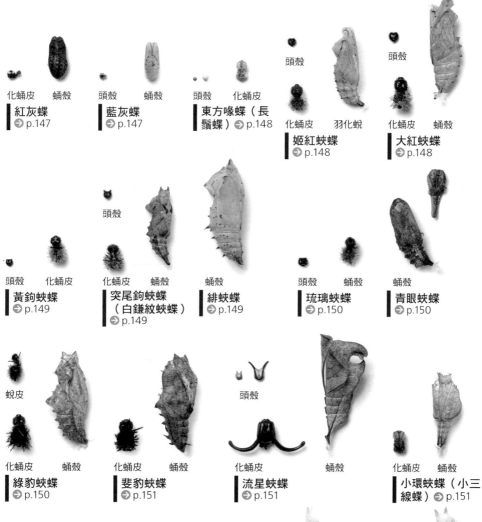

化蛹皮　蛹殼

紅灰蝶
➡ p.147

頭殼　　蛹殼

藍灰蝶
➡ p.147

頭殼　　化蛹皮

東方喙蝶（長鬚蝶） ➡ p.148

頭殼

化蛹皮　　羽化蛻

姬紅蛺蝶
➡ p.148

頭殼

化蛹皮　　蛹殼

大紅蛺蝶
➡ p.148

頭殼

頭殼　　化蛹皮

黃鉤蛺蝶
➡ p.149

頭殼

化蛹皮　　蛹殼

突尾鉤蛺蝶（白鎌紋蛺蝶） ➡ p.149

蛹殼

緋蛺蝶
➡ p.149

頭殼　　蛹殼

琉璃蛺蝶
➡ p.150

蛹殼

青眼蛺蝶
➡ p.150

蛻皮

化蛹皮　　蛹殼

綠豹蛺蝶
➡ p.150

化蛹皮　　蛹殼

斐豹蛺蝶
➡ p.151

頭殼

化蛹皮　　蛹殼

流星蛺蝶
➡ p.151

化蛹皮　　蛹殼

小環蛺蝶（小三線蝶） ➡ p.151

化蛹皮　　蛹殼

隱線蛺蝶
➡ p.152

頭殼

化蛹皮　　蛹殼

日本線蛺蝶
➡ p.152

頭殼

化蛹皮　　蛹殼

擬斑脈蛺蝶
➡ p.152

化蛹皮　　蛹殼

紅斑脈蛺蝶（紅星斑蛺蝶） ➡ p.153

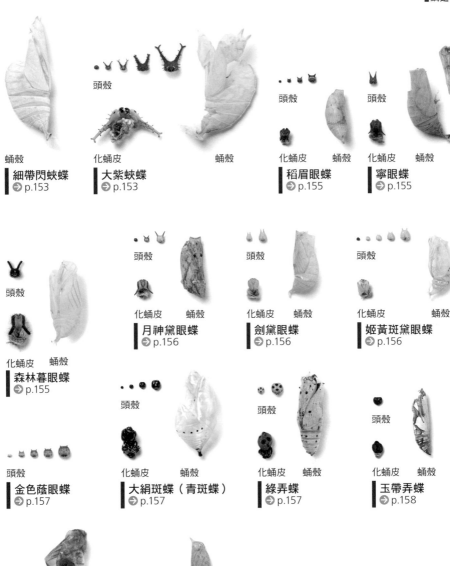

頭殼

蛹殼
細帶閃蛺蝶
➔ p.153

頭殼

化蛹皮
大紫蛺蝶
➔ p.153

蛹殼

頭殼

化蛹皮　蛹殼
稻眉眼蝶
➔ p.155

頭殼

化蛹皮　蛹殼
寧眼蝶
➔ p.155

頭殼

化蛹皮　蛹殼
森林暮眼蝶
➔ p.155

頭殼

化蛹皮　蛹殼
月神黛眼蝶
➔ p.156

頭殼

化蛹皮　蛹殼
劍黛眼蝶
➔ p.156

頭殼

化蛹皮　蛹殼
姬黃斑黛眼蝶
➔ p.156

頭殼

金色蔭眼蝶
➔ p.157

頭殼

化蛹皮　蛹殼
大絹斑蝶（青斑蝶）
➔ p.157

頭殼

化蛹皮　蛹殼
綠弄蝶
➔ p.157

頭殼

化蛹皮　蛹殼
玉帶弄蝶
➔ p.158

化蛹皮　蛹殼
蕉弄蝶
➔ p.158

頭殼

化蛹皮　蛹殼
褐弄蝶
➔ p.158

化蛹皮　蛹殼
**微型大蓑蛾
（茶避債蛾）** ➔ p.159

化蛹皮　蛹殼
黃刺蛾
➔ p.159

蛹殼
淡色鉤蛾
➔ p.159

頭殼　蛹殼
大斑波紋蛾
➔ p.160

頭殼
松村氏淺翅鳳蛾 ➔ p.160

化蛹皮
腎斑尺蛾
➔ p.160

蛹殼
鉤線青尺蛾
➔ p.161

頭殼

化蛹皮　蛹殼
白頂突峰尺蛾
➔ p.160

頭殼

化蛹皮　蛹殼
竹斑枯葉蛾
➔ p.161

蛻皮
赤松毛蟲
➔ p.161

化蛹皮　蛹殼
臺灣天幕枯葉蛾
➔ p.162

蛻皮殼
波紋枯葉蛾 ➔ p.162

化蛹皮　　　蛹殼

頭殼

化蛹皮　蛹殼
端褐蠶蛾（野家蠶）
➔ p.162

蛻皮
單齒翅蠶蛾
➔ p.163

化蛹皮　蛹殼
眉紋天蠶蛾
➔ p.163

頭殼

化蛹皮　蛹殼
綠目天蠶蛾
➔ p.163

33

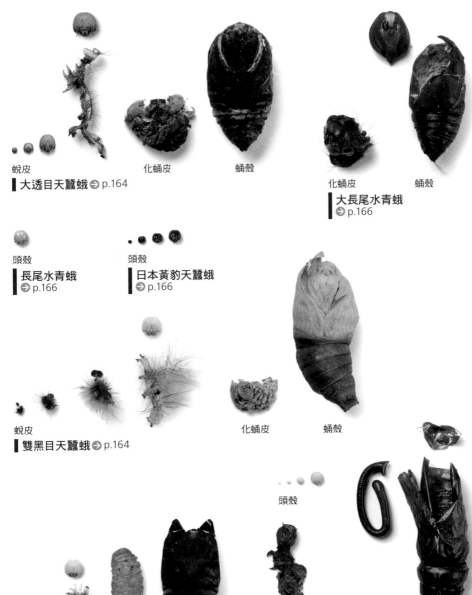

蛻皮　　　　　　　　　　　化蛹皮　　　　蛹殼
大透目天蠶蛾 ➡ p.164

化蛹皮　　　　蛹殼
大長尾水青蛾
➡ p.166

頭殼
長尾水青蛾
➡ p.166

頭殼
日本黃豹天蠶蛾
➡ p.166

蛻皮
雙黑目天蠶蛾 ➡ p.164

化蛹皮　　　　蛹殼

頭殼

蛻皮　　　　化蛹皮　　　　蛹殼
透目天蠶蛾
➡ p.164

化蛹皮

蝦殼天蛾
➡ p.167

蛹殼

■鱗翅目

化蛹皮
細斜紋天蛾（霜降天蛾） ➡ p.166

化蛹皮　　　蛹殼
紅節天蛾 ➡ p.167

頭殼　　蛹殼
波紋豆天蛾（豆天蛾） ➡ p.170

蛹殼
鬼臉天蛾（人面天蛾） ➡ p.167

化蛹皮
栗六點天蛾 ➡ p.170

頭殼　　　　化蛹皮　　　　蛹殼
桃六點天蛾 ➡ p.170

化蛹皮
樫木鉤翅天蛾 ➡ p.171

頭殼
盾天蛾 ➡ p.171

化蛹皮　　蛹殼
柳天蛾（藍目天蛾） ➡ p.171

化蛹皮
背中白天蛾（葡萄天蛾） ➡ p.171

蛹殼
粉綠白腰天蛾（夾竹桃天蛾） ➡ p.172

化蛹皮　　蛹殼
三角凹緣天蛾（三角錐天蛾、喜馬錐天蛾）→ ➡ p.172

35

頭殼　　　　化蛹皮

▎大透翅天蛾（咖啡 透翅天蛾）➜ p.172

化蛹皮

▎九節木長喙天蛾 ➜ p.173

化蛹皮　　　蛹殼

▎紅天蛾 ➜ p.173

蛹殼

▎黃胸斜紋天蛾 （雀紋天蛾） ➜ p.173

頭殼

化蛹皮　　　蛹殼

▎雙線條紋天蛾（芋 雙線天蛾）➜ p.174

蛹殼

▎單斜紋天蛾 （芋單線天蛾） ➜ p.174

蛹殼

▎蒙古白肩天蛾（白肩天 蛾、實點天蛾） ➜ p.174

蛻皮　　　化蛹皮

▎蘋蟻舟蛾 ➜ p.175

蛻皮　　　化蛹皮　　　蛹殼

▎銀色麗毒蛾 ➜ p.175

蛻皮

▎結麗毒蛾 ➜ p.175

蛻皮

▎苔棕毒蛾 ➜ p.176

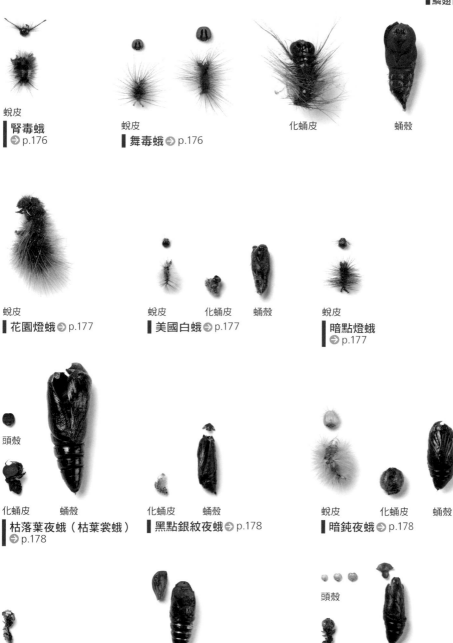

蛻皮
▌腎毒蛾
➔ p.176

蛻皮
▌舞毒蛾 ➔ p.176

化蛹皮

蛹殼

蛻皮
▌花園燈蛾 ➔ p.177

蛻皮　　化蛹皮　　蛹殼
▌美國白蛾 ➔ p.177

蛻皮
▌暗點燈蛾
➔ p.177

頭殼

化蛹皮　　蛹殼
▌枯落葉夜蛾（枯葉裳蛾）
➔ p.178

化蛹皮　　蛹殼
▌黑點銀紋夜蛾 ➔ p.178

蛻皮　　化蛹皮　　蛹殼
▌暗鈍夜蛾 ➔ p.178

化蛹皮
▌棉鈴實夜蛾（番茄夜蛾）
➔ p.179

蛹殼
▌灰褐安尼夜蛾 ➔ p.179

頭殼

化蛹皮　　蛹殼
▌甘藍夜蛾 ➔ p.179

蛻皮　　　化蛹皮　　蛹殼
■黃足蟻蛉
　■ p.183

蛹殼
■鉤臀蟻蛉
　■ p.183

蛹殼
■日本完眼蝶角蛉
　■ p.183

蛹殼
■日本斑蚊（日本
呼蚊）■ p.185

蛹殼
■搖蚊
　■ p.185

蛹殼
■星蜂虻
　■ p.185

化蛹皮・蛹殼
■微蚜蠅屬昆蟲
　■ p.187

化蛹皮・蛹殼
■果蠅科昆蟲 ■ p.187

化蛹皮・蛹殼
■綠蠅屬昆蟲 ■ p.187

化蛹皮　蛹殼
■歐洲松葉蜂
　■ p.189

化蛹皮　　蛹殼
■樺木蜂
　■ p.189

化蛹皮・蛹殼
■紅紋土蜂
　■ p.189

化蛹皮　蛹殼
■鑲銹平唇蜾蠃
（褐胸泥壺蜂）
　■ p.190

化蛹皮　蛹殼
■黃緣前喙蜾蠃（黃
緣蜾蠃）■ p.190

化蛹皮　蛹殼
■黃腳凹背蜾蠃
　■ p.190

脫皮～蛹殼
■黑紋長腳蜂
（黃長腳蜂）
　■ p.191

化蛹皮　蛹殼
■角額壁蜂
　■ p.191

化蛹皮　蛹殼
■黃胸木蜂
　■ p.191

蛻皮
■**橫帶人面蜘蛛**
➡ p.195

蛻皮
■**橫紋金蛛** ➡ p.195

蛻皮
■**鉗高腳蛛** ➡ p.195

蛻皮
■**球鼠婦** ➡ p.196

蛻皮
■**糙瓷鼠婦** ➡ p.196

蛻皮
■**盲蛛目的一種** ➡ p.196

蜉蝣的蛻（蜉蝣目、襀翅目、毛翅目）

羽化的前黑姬雙尾蜉

　　屬於早春的前黑姬雙尾蜉會登陸在岸邊的石頭上羽化。牠們似乎會集中在白天的某個時段進行羽化，待回神時，四周已是一片亞成蟲。只要再蛻一次皮，這些亞成蟲就會變為成蟲。

蜉蝣的成長和蛻皮

蜉蝣目是最原始的有翅昆蟲，在日本已知約有140種。

這種昆蟲的成蟲身體柔軟，有三角形的透明翅膀、長腿及長尾。大部分生命短暫，羽化後雄蟲的壽命只有幾天，就連雌蟲在產卵過後沒多久也會跟著離去。

蜉蝣的稚蟲屬水生昆蟲，棲息在河流、湖泊和池塘中，大多以動植物的殘骸及藻類為食，有的會捕食其他昆蟲。稚蟲期一般為半年至一年左右，蛻皮次數超過10次，有的甚至可達40次。

蜉蝣的發育形式為不完全變態，但在變為成蟲之前，要經過亞成蟲這個特殊階段。亞成蟲有翅膀，而且模樣像成蟲，但是翅膀不透明，腿和尾端粗短。只要再蛻一次皮，亞成蟲就會變為成蟲，而且時間短約五分鐘，長則三天左右。長出翅膀之後會再蛻皮的昆蟲就只有蜉蝣。為了有所區別，本書將蛻皮成為亞成蟲的過程稱為「羽化」，蛻下的皮稱為「羽化蛻」；蛻皮變為成蟲的過程稱為「變為成蟲的蛻皮」，脫下的殘骸稱為「成蟲蛻」。

蜉蝣的英語為Mayfly。顧名思義，這種昆蟲的羽化時期往往在初夏，時間大多為日落時分，羽化地點則是包括水中、水面及岸上。

在水中或水面羽化的蜉蝣所留下的羽化蛻通常都會被水流沖失，但在陸地上羽化的蜉蝣所留下的羽化蛻卻會暫時保留在原地，只要來到水邊，應當不難發現。至於變為成蟲之後留下的蛻皮殼，則可在靠近水邊的植物葉背或樹幹上找到。

日本等蜉

前黑姬雙尾蜉的稚蟲

松村高翔扁蜉的亞成蟲

前黑姬雙尾蜉的羽化蛻

前黑姬雙尾蜉的稚蟲羽化為亞成蟲的過程

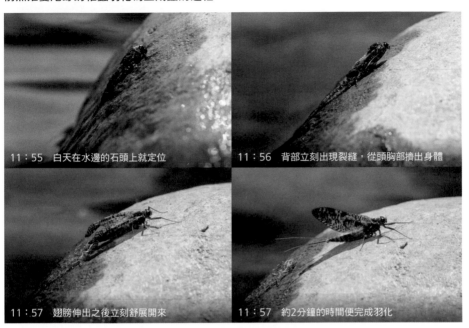

11：55　白天在水邊的石頭上就定位

11：56　背部立刻出現裂縫，從頭胸部擠出身體

11：57　翅膀伸出之後立刻舒展開來

11：57　約2分鐘的時間便完成羽化

前黑姬雙尾蜉從亞成蟲蛻皮變為成蟲的過程

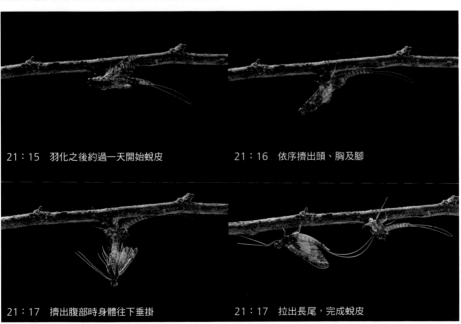

21：15　羽化之後約過一天開始蛻皮

21：16　依序擠出頭、胸及腳

21：17　擠出腹部時身體往下垂掛

21：17　拉出長尾，完成蛻皮

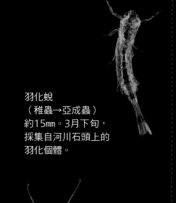

羽化蛻
（稚蟲→亞成蟲）
約15mm。3月下旬，
採集自河川石頭上的
羽化個體。

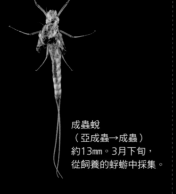

成蟲蛻
（亞成蟲→成蟲）
約13mm。3月下旬，
從飼養的蜉蝣中採集。

前黑姬雙尾蜉

成蟲蛻（亞成蟲→成蟲）
約9mm。從溪流沿岸的灌木叢中
採集。

姬雙尾蜉

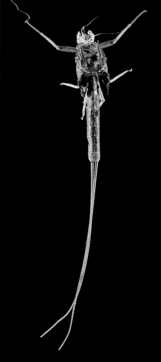

成蟲蛻（亞成蟲→成蟲）
約7mm。3月下旬，從飼養的蜉蝣
中採集。

四節蜉屬昆蟲

前黑姬雙尾蜉
Ameletus costalis

姬雙尾蜉科。成蟲9〜13mm，稚
蟲約10mm。北海道〜九州。棲息
在河川上游緩流中的蜉蝣。羽化
是在早春白天的岸邊或石頭上進
行，羽化蛻會暫時存留一段時
間。亞成蟲約一天後會在陸地上
蛻皮，變為成蟲。

成蟲

亞成蟲

姬雙尾蜉
Ameletus montanus

姬雙尾蜉科。成蟲約9mm，亞成蟲
約13mm，稚蟲約8mm。北海道〜九
州。棲息於山間溪流中。羽化是
在春天傍晚的陸地上進行。

留在葉背的蛻皮

四節蜉屬昆蟲
Baetis sp.

四節蜉科。成蟲約8mm。四節蜉
是棲息在河川上的小型蜉蝣，已
知約有50種。此種是在一條小河
附近採集到的。雄蟲向上突出的
眼睛形狀相當特殊，稱為背眼
（turban eyes）。

成蟲

亞成蟲

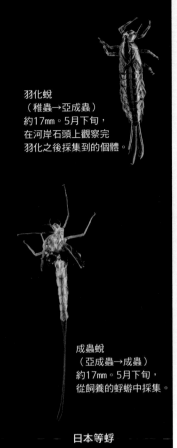

羽化蛻
（稚蟲→亞成蟲）
約17mm。5月下旬，
在河岸石頭上觀察完
羽化之後採集到的個體。

成蟲蛻
（亞成蟲→成蟲）
約17mm。5月下旬，
從飼養的蜉蝣中採集。

日本等蜉

日本等蜉的羽化過程

18：57　在石頭上登陸就定位

18：57　從頭部擠出身體

18：58　身體幾乎整個拉出來

18：58　展開翅膀

日本等蜉

Isonychia japonica

四節蜉科。成蟲15～17mm，亞成
蟲約18mm，稚蟲18～20mm。北海
道～九州。大多棲息在河川上游
至下游水流稍微湍急之處。稚蟲
呈巧克力色，背部有白色斑點。
成蟲見於春季到秋季。羽化為亞
成蟲時通常會在傍晚時分於石頭
上進行，蛻皮變為成蟲時則是在
陸地上進行。

成蟲

亞成蟲

日本等蜉會在日落後羽化

45

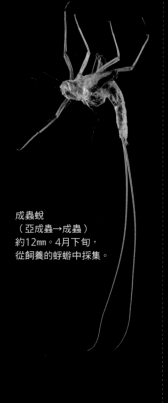

成蟲蛻
（亞成蟲→成蟲）
約12mm。4月下旬，
從飼養的蜉蝣中採集。

二叉高翔扁蜉

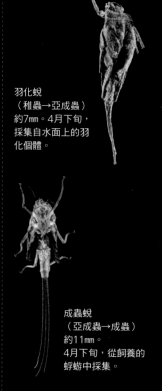

羽化蛻
（稚蟲→亞成蟲）
約7mm。4月下旬，
採集自水面上的羽
化個體。

成蟲蛻（亞成蟲→成蟲）
約13mm。4月下旬，
從飼養的蜉蝣中採集。

成蟲蛻
（亞成蟲→成蟲）
約11mm。
4月下旬，從飼養的
蜉蝣中採集。

松村高翔扁蜉

大黑斑小蜉

二叉高翔扁蜉
Epeorus latifolium

四節蜉科。成蟲約13mm，亞成蟲約12mm，稚蟲約15mm。北海道〜九州。棲息在河川上游至下游水流湍急之處。稚蟲身體扁平，通常置身在石頭表面。成蟲每年發生兩次，分別在春秋。羽化為亞成蟲的過程會在水中進行，蛻皮變為成蟲的過程則是在陸地上進行。

成蟲

亞成蟲

松村高翔扁蜉
Epeorus l-nigrus

四節蜉科。成蟲8〜13mm，稚蟲約10mm。北海道〜九州。分佈於河川上游至下游。與前一種蜉蝣十分相似。成蟲活躍於春季至秋季之間。蛻皮變為成蟲的過程會在陸地上進行。

成蟲

亞成蟲

大黑斑小蜉
Cincticostella elongatula

小蜉科。成蟲9〜13mm，亞成蟲約10mm，稚蟲約10〜13mm。北海道〜九州。棲息於河川上游至中游。成蟲見於春季。羽化成亞成蟲的過程會在白天的水面上進行。

成蟲

亞成蟲

石蠅的成長和蛻皮

襀翅目在日本已知大約有200種。

成蟲屬於陸生，身體扁平，擁有膜質的翅膀與結實的腿。

稚蟲與蜉蝣及石蠅一樣，是常見的水生昆蟲之一，具有細長、扁平的身體和結實的腳。通常藏身在河川石頭或沉積物底下以及礫石縫隙，伺機捕食其他小型昆蟲的稚蟲，但也有以藻類為食的植食性物種。

襀翅目的稚蟲期一般為1～3年。屬於不完全變態，羽化會在水邊的石頭或植物上進行。一些體型較大的物種會移動到相當遠的地方再羽化，而且大多在早春到初夏這段期間進行，只有一部分在冬季羽化。羽化蛻較為結實，通常會在石頭、岸邊或植物上存留一段時間。

節石蠅

大山石蠅的稚蟲

節石蠅的羽化蛻

節石蠅的羽化過程

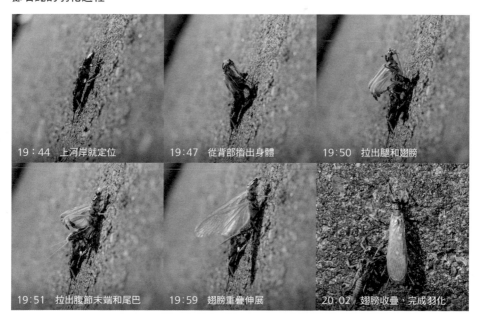

19：44　上河岸就定位

19：47　從背部擠出身體

19：50　拉出腿和翅膀

19：51　拉出腹節末端和尾巴

19：59　翅膀重疊伸展

20：02　翅膀收疊，完成羽化

47

羽化蛻
約20mm。6月上旬，
於溪邊採集。

羽化蛻
約18mm。5月中旬在河岸觀察羽
化之後採集到的個體。

羽化蛻
約18mm。4月上旬，
於河岸採集。

| 節石蠅 | 黃緣襟石蠅 | 姬石蠅屬昆蟲 |

節石蠅
Kamimuria tibialis

石蠅科。成蟲22～30mm，稚蟲
約20mm。北海道～九州。大多棲
息在河川上游至中游水流稍微湍
急的淺灘上。晚春至初夏的夜晚
羽化，並將羽化蛻留在岸邊的石
頭上。

黃緣襟石蠅
Togoperla limbata

石蠅科。成蟲25～30mm，稚蟲
約30mm。本州～九州。棲息於河
川上游及山地細流之處。成蟲見
於5～8月。羽化蛻通常會留在岸
邊附近。

姬石蠅屬昆蟲
Stavsolus sp.

網襀科。稚蟲約20mm。棲息於河
川上游至下游。早春至夏季羽
化。

成蟲

留在河岸岩石上的羽化蛻

石蛾的成長和蛻皮

　　據說毛翅目在日本有400多種。成蟲形態雖然與飛蛾相似,但翅膀上沒有鱗粉,而且還長著短毛。稚蟲棲息在各種水域環境之中,從湖泊、河川到小水坑皆可見其蹤影。有的以石頭表面的藻類、水中的有機物以及落葉為食,有的會捕食小動物。不少甚至會吐絲做巢、編網,或者做出和蓑衣蟲一樣的巢袋[5]。

　　與同為水生昆蟲的蜉蝣不同的是,石蛾的發育形式屬於完全變態,也就是依照幼蟲→蛹→成蟲的過程成長。牠們羽化通常是在水面或石頭上進行,故在野外找到預成蟲蛻的機會並不多。

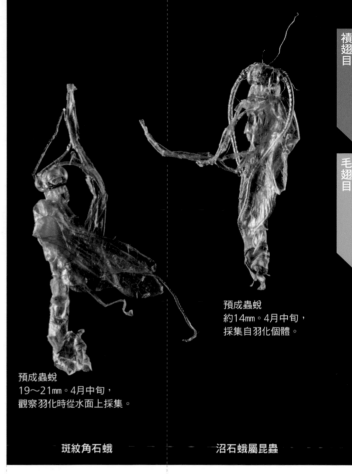

預成蟲蛻
約14mm。4月中旬,
採集自羽化個體。

預成蟲蛻
19～21mm。4月中旬,
觀察羽化時從水面上採集。

斑紋角石蛾　　　　　　　沼石蛾屬昆蟲

斑紋角石蛾的稚蟲

斑紋角石蛾
Stenopsyche marmorata
角石蛾科。成蟲17～27mm,稚蟲約40mm。北海道～九州。棲息於河川上游至下游。稚蟲會在礫石後面築巢。5齡。成蟲出現在春季至秋季之間。羽化時會先破蛹而出,之後再於水面上進行。

沼石蛾屬昆蟲
Limnephilus sp.
沼石蛾科。成蟲約14mm。從水流平緩的河岸上採集到的羽化個體。沼石蛾屬的稚蟲會將植物碎片織成巢袋[5],主要用來防水,初夏至夏季羽化。

斑紋角石蛾羽化的成蟲

成蟲

羽化蛻

成蟲

上岸羽化

5　巢袋:用落葉或沙子製成的活動式巢穴。若是鱗翅目蓑蛾科昆蟲,則稱為「蓑巢」。

蜻蜓、豆娘的蛻（蜻蛉目）

羽化的秋赤蜻

　　秋赤蜻的稚蟲春天會在佈滿水的稻田裡孵化，並在初夏迎接羽化期的到來。到了七月中旬的夜晚，到處都能看見展翅完全的新羽化成蟲。牠們夏天會在山地度過，一到秋天，就會回到稻田裡產卵。

蜻蛉的成長與蛻皮

　　蜻蛉目是一群飛行技巧相當出色的捕食性昆蟲，能廣泛適應河川、濕地、池塘等各種內陸水域環境。日本已記錄了203種，大致分為前後翅形狀幾乎相同、身體相當細長的均翅亞目（豆娘），以及和後翅比前翅大、身體較為碩大的不均翅亞目（蜻蜓）這兩大類。

　　成蟲擁有呈細網狀翅脈的碩大翅膀，能夠敏捷地飛翔，發達的下顎則是用來捕食其他昆蟲。

　　稚蟲稱為水蠆，屬水生昆蟲。大多數的均翅亞目體型纖細修長，擁有尾鰓[6]；不均翅亞目的體型則是從粗到扁皆有。與成蟲一樣具有捕食性，不管是昆蟲、魚類還是兩棲類的幼體，都能用伸縮自如的下唇捕食。

　　蜻蛉目昆蟲的發育形式為不完全變態。水蠆期所需的時間因種類及生長條件而異，短約一個月，長則可達八年，變為成蟲通常要反覆蛻皮將近十次。

　　牠們羽化時會爬出水面至陸地進行。方式有兩種，一種是在蛻皮的過程當中整個身體挺直、向上向前爬出的直立式（細蟌科、琵蟌科、絲蟌科、古蜓科、春蜓科），另一種是身體整個後仰的倒垂式（珈蟌科、晏蜓科、勾蜓科、蜻蜓科）。

　　蜻蛉目昆蟲羽化後的蛻殼，通常會附著在水邊植物上一段時間，看到的機會算是頻繁。

錢博細蟌

無霸勾蜓

一種晏蜓科水蠆

秋赤蜻的羽化蛻

　　　　　　　6　尾鰓：腹部末端宛如魚鰭的結構。具有鰓的功能，能在水中呼吸。

葦笛細蟌的羽化過程（直立式）

5:49　爬上植物莖部就定位

5:55　將身體彎成S形

5:57　從頭部開始蛻皮

6:00　身體挺直，靜止一段時間

6:07　用腳抓著植物，拉出身體

6:12　抽出整個腹部

6:17　開始伸展翅膀

6:20　大約舒展一半

6:45　從開始到完成約1個小時

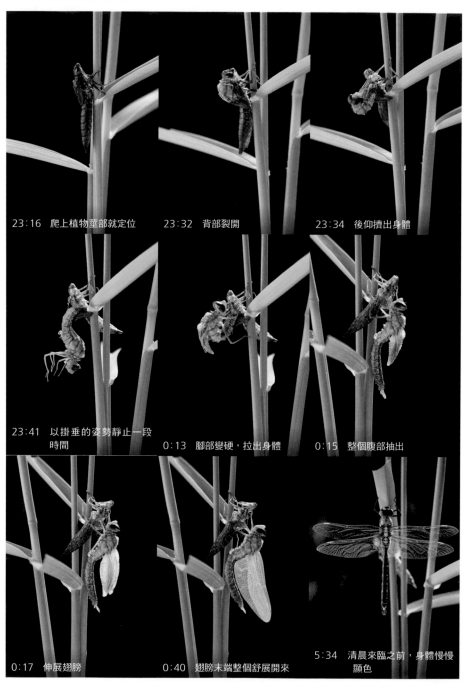

23：16　爬上植物莖部就定位

23：32　背部裂開

23：34　後仰擠出身體

23：41　以掛垂的姿勢靜止一段
　　　　時間

0：13　腳部變硬，拉出身體

0：15　整個腹部抽出

0：17　伸展翅膀

0：40　翅膀末端整個舒展開來

5：34　清晨來臨之前，身體慢慢
　　　顯色

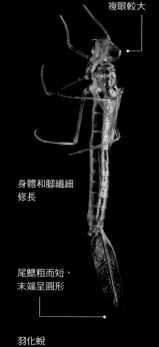

複眼較大

身體和腳纖細
修長

尾鰓粗而短，
末端呈圓形

羽化蛻
約25mm。7月下旬，
於水邊的植物上採集。

三葉黃絲蟌

尾鰓的末端
較圓滑

羽化蛻
約30mm。6月上旬，採集自蓄水
池植物上的羽化個體。

翡翠絲蟌

尾鰓的末端
略為尖銳

羽化蛻
約31mm。6月中旬，採集自蓄水
池植物上的羽化個體。

大藍絲蟌

三葉黃絲蟌
Sympecma paedisca
絲蟌科。成蟲37～41mm，稚蟲
22～28mm。北海道～九州。棲
息在平地至山地之間水生植物叢
生的池塘中。7～8月羽化。是罕
見可以成蟲姿態過冬的種類。

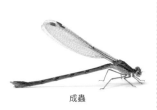

成蟲

翡翠絲蟌
Lestes sponsa
絲蟌科。成蟲34～48mm，稚蟲
24～30mm。北海道～九州。棲
息在平地至山地之間水生植物叢
生的池塘或濕地中。初夏羽化。

成蟲

大藍絲蟌
Lestes temporalis
絲蟌科。成蟲40～55mm，稚蟲
26～31mm。北海道～九州。棲
息於平地至山地之間靠近樹林的
池塘與濕地。初夏至夏季羽化。

成蟲　　　羽化

觸角第一節較長

羽化蛻
約23mm。5月上旬，採集自水邊
植物上的羽化個體。

朝比奈珈蟌

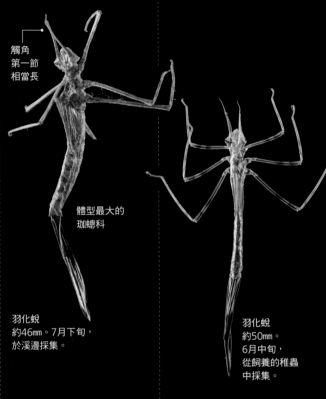

觸角
第一節
相當長

體型最大的
珈蟌科

羽化蛻
約46mm。7月下旬，
於溪邊採集。

深山珈蟌

羽化蛻
約50mm。
6月中旬，
從飼養的稚蟲
中採集。

黑翅珈蟌

朝比奈珈蟌
Mnais pruinosa
珈蟌科。成蟲42～66mm，稚蟲
21～30mm。本州～九州。棲息
於丘陵到山地之間靠近樹林的河
川上游或溪流一帶、偏愛流水環
境的蜻蜓。一至兩年完成一個世
代。春季～初夏羽化。

深山珈蟌
Calopteryx cornelia
珈蟌科。成蟲63～80mm，稚蟲
46～62mm。北海道～九州。棲
息於丘陵到山地之間靠近樹林的
溪流。二至三年完成一個世代。
夏季羽化。

黑翅珈蟌
Atrocalopteryx atrata
珈蟌科。成蟲54～68mm，稚蟲
34～48mm。本州～九州。棲息
於平地到丘陵之間植物茂密的河
川中游至下游以及水渠等地。一
至兩年完成一個世代。初夏羽
化。

成蟲

成蟲

成蟲

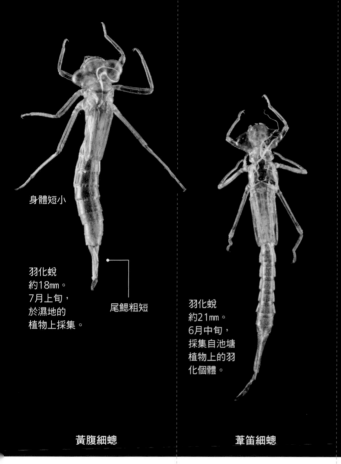

身體短小

羽化蛻
約18mm。
7月上旬，
於濕地的
植物上採集。

尾鰓粗短

羽化蛻
約21mm。
6月中旬，
採集自池塘
植物上的羽
化個體。

羽化蛻
約22mm。6月中旬，
採集自池塘植物上的羽化個體。

黃腹細螅　　　　葦笛細螅　　　　隼尾螅

黃腹細螅
Ceriagrion melanurum

細螅科。成蟲31～48mm，稚蟲
15～21mm。本州～九州。棲息
在平地至山地之間植物叢生的池
塘或濕地中。一年完成一至兩個
世代。初夏～夏季羽化。羽化蛻
會留在植物上。

葦笛細螅
Paracercion calamorum

細螅科。成蟲27～38mm，稚蟲
17～23mm。北海道～九州。棲
息於平地到丘陵之間植物生長的
池塘、河川中游至下游等水流平
緩之處。一年完成一至多個世
代，從初夏開始羽化。羽化蛻會
留在植物上。

隼尾螅
Paracercion hieroglyphicum

細螅科。成蟲27～37mm，稚蟲
19～23mm。北海道～九州。棲
息於平地到丘陵之間植物生長的
池塘、河川中游至下游。一年完
成一個至多個世代。初夏羽化。
羽化蛻會留在植物上。

成蟲

成蟲

成蟲

後腦勺稍有稜角

身體呈
紡錘形

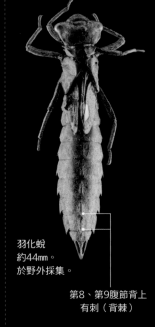

羽化蛻
約21mm。6月中旬，
採集自濕地植物上的羽化個體。

羽化蛻
約39mm。8月上旬，
於溪邊的植物上採集。

羽化蛻
約44mm。
於野外採集。

第8、第9腹節背上
有刺（背棘）

| 錢博細蟌 | 米氏晏蜓 | 黑紋晏蜓 |

錢博細蟌
Paracercion sieboldii

細蟌科。成蟲27～42mm，稚蟲
19～23mm。北海道～九州。棲
息於平地到丘陵之間植物叢生的
池塘、濕地及水流平緩之處。一
年完成一至多個世代。初夏開始
羽化。羽化蛻會留在植物上。

成蟲　　　　　羽化

米氏晏蜓
Planaeschna milnei

晏蜓科。成蟲61～80mm，稚蟲30
～40mm。北海道～琉球群島。棲
息於丘陵到山地之間流經樹林的
河川上游或源頭。夏季羽化。羽
化蛻會留在岸邊或植物上。

成蟲　　　　　羽化

黑紋晏蜓
Aeschnophlebia anisoptera

晏蜓科。成蟲75～88mm，稚蟲
35～45mm。本州～九州。棲息於
平地到丘陵之間靠近樹林而且植
物叢生的池塘及濕地。分布侷限
初夏羽化。

複眼向前側方凸出

複眼向後側方凸出

羽化蛻
約39mm。5月上旬，
於水邊植物上採集。

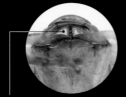

下唇側片[7]較寬

羽化蛻
約52mm。
7月下旬，
於蓄水池的植物上採集。

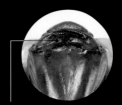

下唇側片前端將近直角

羽化蛻
約38mm。
於野外採集。

烏基晏蜓　　　　　　描金晏蜓　　　　　　綠胸晏蜓

烏基晏蜓
Anaciaeschna martini
晏蜓科。成蟲65～84mm，稚蟲34
～41mm。本州～琉球群島。棲息
於平地到丘陵之間靠近樹林且植
物叢生的池塘及濕地。初夏羽
化。

描金晏蜓
Polycanthagyna melanictera
晏蜓科。成蟲80～93mm，稚蟲38
～48mm。本州～琉球群島。棲息
於平地到丘陵之間樹林圍繞的池
塘及水坑。初夏羽化。羽化蛻會
留在水邊的植物上。

綠胸晏蜓
Anax parthenope
晏蜓科。成蟲67～84mm，稚蟲
45～55mm。北海道～琉球群島。
常見於各地遼闊水邊的晏蜓。棲
息於平地到丘陵之間的寬廣池
塘。夏季羽化。羽化蛻會留在水
邊的植物上。

羽化

成蟲

成蟲　　　　　　水蠆

7　下唇側片：水蠆用來捕捉獵物的器官（下唇）前端，貌似剪刀。

羽化蛻
約53mm。5月上旬，
於水路旁的植物上採集。

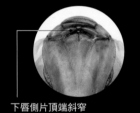

下唇側片頂端斜窄

身體扁平，呈細長的五邊形

腹部有斑紋

羽化蛻
約41mm。6月上旬，
於池邊的植物上採集。

春蜓科的第3節觸角相當發達，
形如抹刀。

羽化蛻
約21mm。5月上旬，
採集自河岸的羽化個體。

| 烏帶晏蜓 | 細鉤春蜓 | 戴春蜓 |

烏帶晏蜓
Anax nigrofasciatus

晏蜓科。成蟲68～81mm，稚蟲43～51mm。北海道～琉球群島。棲息於平地到丘陵之間靠近樹林的池塘中。春季羽化，時間比上一種晏蜓早。羽化蛻會留在水邊的植物上。

細鉤春蜓
Sinictinogomphus clavatus

春蜓科。成蟲70～87mm，稚蟲38～44mm。本州～九州。棲息於平地到丘陵之間的寬廣池塘及湖泊。稚蟲生活在深泥底。夏季羽化。羽化蛻會留在岸邊的植物上。

戴春蜓
Davidius nanus

春蜓科。成蟲40～51mm，稚蟲18～22mm。本州～九州。棲息於靠近丘陵樹林的河流中上游。春季中午以前羽化。羽化蛻會留在岸邊的石頭或植物上，但因靠水邊，易被沖走。

成蟲　　　　　水蠆

成蟲

成蟲

戴春蜓的羽化過程

春蜓科的蜻蜓羽化採直立式。

9:19　在水邊植物上就定位

9:21　背部裂開

9:22　從頭胸部擠出身體

9:24　向上拉出身體

9:25　身體挺直；靜止不動

9:32　用腳抓住植物，拉出腹部

9:34　靜止不動

9:39　舒展翅膀

9:45　約30分鐘完成羽化

整體細長，
尤其是第9腹節

羽化蛻
約40mm。7月上旬，
於河川護岸採集。

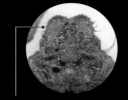

觸角第3節呈扁平的橢圓形

羽化蛻
約24mm。4月下旬，
採集自濕地植物上的羽化個體。

羽化蛻
約28mm。7月上旬，
採集自河岸的羽化個體。

姬黑春蜓

長唇春蜓

擴腹春蜓

姬黑春蜓
Lanthus fujiacus

春蜓科。成蟲38～46mm，稚蟲18
～22mm。本州～九州。棲息於丘
陵到山地之間靠近樹林的河川源
頭。春季羽化。羽化蛻會留在溪
流附近的石頭或植物上。

長唇春蜓
Anisogomphus maacki

春蜓科。成蟲50～59mm，稚蟲22
～26mm。本州～九州。棲息在平
地至山地之間的河川中游及下
游。夏季羽化。羽化蛻會留在岸
邊或水邊的植物上。

擴腹春蜓
Stylurus oculatus

春蜓科。成蟲61～69mm，稚蟲36
～42mm。本州（琵琶湖、諏訪
湖、愛知）。僅棲息在少數湖泊
及從其流入流出的河川之中。夏
季羽化。羽化蛻會留在護岸上。

成蟲　　　羽化

成蟲　　　羽化

成蟲　　　終齡水蠆

62

頭部稜角分明

頭部稜角分明

下唇側片呈碩大的尖牙狀

體型相當碩大

體型龐大粗壯

羽化蛻
約36mm。於野外採集。

羽化蛻
約55mm。7月上旬，
於水路邊的植物上採集。

羽化蛻
約40mm。7月下旬，
於池岸的植物上採集。

日本古蜓

無霸勾蜓

慧眼弓蜓

日本古蜓
Tanypteryx pryeri

古蜓科。成蟲63〜80mm，稚蟲30〜36mm。本州、九州。棲息於丘陵到山地之間靠近樹林的濕地。稚蟲期2〜3年，春季羽化。羽化蛻會留在水邊的植物上。

無霸勾蜓
Anotogaster sieboldii

勾蜓科。成蟲82〜114mm，稚蟲42〜51mm。北海道〜琉球群島。日本最大的蜻蜓，棲息在平原到山地之間靠近樹林的河川上游至中游、小溪及水路旁。稚蟲期一般為3〜4年。初夏羽化。羽化蛻會留在水邊的植物上。

慧眼弓蜓
Epophthalmia elegans

弓蜓科。成蟲78〜92mm，稚蟲34〜43mm。北海道〜九州。棲息於平地到丘陵之間的寬廣池塘、湖泊及河川。初夏〜夏季羽化。羽化蛻會留在岸壁或植物上。

成蟲

成蟲

羽化

成蟲

羽化蛻

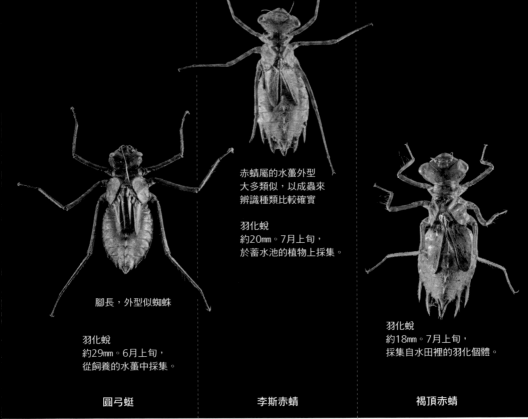

赤蜻屬的水蠆外型
大多類似，以成蟲來
辨識種類比較確實

羽化蛻
約20mm。7月上旬，
於蓄水池的植物上採集。

腳長，外型似蜘蛛

羽化蛻
約29mm。6月上旬，
從飼養的水蠆中採集。

羽化蛻
約18mm。7月上旬，
採集自水田裡的羽化個體。

圓弓蜓　　　　　李斯赤蜻　　　　　褐頂赤蜻

圓弓蜓
Macromia amphigena

弓蜓科。成蟲67～81mm，稚蟲
24～30mm。北海道～九州。棲
息在平地至山地之間靠近樹林的
河川上游至中游或池塘。初夏羽
化。

李斯赤蜻
Sympetrum risi

蜻蜓科。成蟲31～46mm，稚蟲13
～20mm。北海道～九州。棲息於
平地到山地之間靠近樹林的池塘
中。初夏羽化。羽化蛻會留在水
邊的植物上。

褐頂赤蜻
Sympetrum infuscatum

蜻蜓科。成蟲37～52mm，稚蟲15
～20mm。北海道～九州。棲息於
平地至山地之間的池塘與水田
中。初夏羽化。羽化蛻會留在植
物上。

成蟲

成蟲

成蟲

羽化

秋赤蜻的羽化過程
蜻蜓科的蜻蜓採倒垂式羽化。

23:42　開始羽化

23:45　從胸部背方破裂伸出頭部
　　　　和胸部

23:45　伸出胸部

23:46　身體整個往後仰

0:02　腹部出來一半後靜止不動

0:08　起身拉出腹部

0:13　伸展翅膀

0:29　舒展重疊的翅膀

2:29　翅膀完全展開，身體顯色

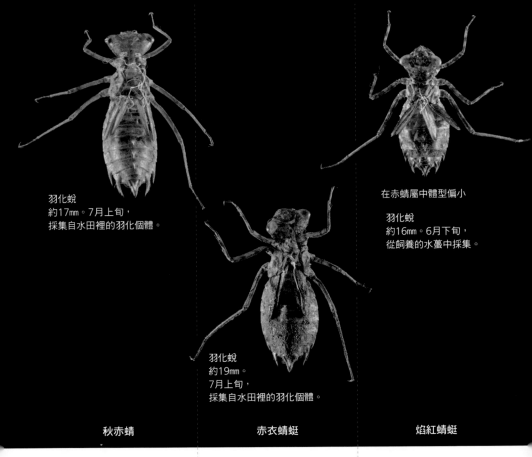

羽化蛻
約17mm。7月上旬，
採集自水田裡的羽化個體。

在赤蜻屬中體型偏小

羽化蛻
約16mm。6月下旬，
從飼養的水薑中採集。

羽化蛻
約19mm。
7月上旬，
採集自水田裡的羽化個體。

秋赤蜻　　　　　　赤衣蜻蜓　　　　　　焰紅蜻蜓

秋赤蜻
Sympetrum frequens

蜻蜓科。成蟲32～46mm，稚蟲15
～20mm。北海道～九州。人人皆
知的紅蜻蜓。棲息於平地至山地
之間的水田與池塘。初夏羽化。
羽化蛻會留在水邊的植物上。

赤衣蜻蜓
Sympetrum baccha

蜻蜓科。成蟲36～48mm，稚蟲
14～22mm。北海道～九州。棲
息於平地至山地之間的池塘與水
田中。初夏羽化。羽化蛻會留在
水邊的植物上。

焰紅蜻蜓
Sympetrum eroticum

蜻蜓科。成蟲30～43mm，稚蟲
13～17mm。北海道～九州。棲息
於平地至山地之間靠近樹林的池
塘或水田中。初夏羽化。羽化蛻
會留在水邊的植物上。

成蟲　　　　　水薑

成蟲　　　　羽化

成蟲

羽化蛻
約21mm。6月中旬,
於蓄水池的植物上採集。

在赤蜻屬中體型偏小

羽化蛻
約17mm。7月下旬,
採集自水田裡的羽化個體。

頭小腳長

羽化蛻
約23mm。6月上旬,
於蓄水池的植物上採集。

褐帶赤蜻　　　　**黃紉蜻蜓**　　　　**短痣蜻蜓**

褐帶赤蜻
Sympetrum pedemontanum
蜻蜓科。成蟲30〜41mm,稚蟲12〜17mm。北海道〜九州。棲息於平地至山地之間的水田及水渠等水流平緩之處。夏季羽化。羽化蛻會留在水邊的植物上。

黃紉蜻蜓
Pseudothemis zonata
蜻蜓科。成蟲40〜50mm,稚蟲17〜22mm。北海道〜琉球群島。棲息於平地到丘陵之間靠近樹林的池塘中。初夏羽化。羽化蛻會留在水邊的植物上。

短痣蜻蜓
Deielia phaon
蜻蜓科。成蟲37〜48mm,稚蟲20〜23mm。本州〜琉球群島。棲息於植物茂密生長的池塘及河流淤塞處。初夏夜晚羽化,羽化蛻會留在水邊的植物上。

成蟲

成蟲

極為玲瓏

羽化蛻
約9mm。5月下旬，
於濕地的植物上採集。

第8、第9腹節的
側刺長且明顯

羽化蛻
約26mm。9月中旬，
於水邊植物上採集。

羽化蛻
約23mm。7月，
飼養時採集的羽化個體。

腹部無背棘

小紅蜻蜓

薄翅蜻蜓

白刃蜻蜓

小紅蜻蜓
Nannophya pygmaea

蜻蜓科。成蟲17～21mm，稚蟲約
8～9mm。本州～九州。世界上最
小的蜻蜓之一。棲息於平地至低
山地之間陽光充足的濕地及濕原
上。生產區域不多。初夏至夏季
羽化。

成蟲

薄翅蜻蜓
Pantala flavescens

蜻蜓科。成蟲44～54mm，稚蟲22
～27mm。北海道～琉球群島。棲
息於平地至山地之間的水田、濕
地與池塘。春季至秋季這段期間
會不斷出現，但在大部分地區都
無法越冬。羽化蛻會留在水邊的
植物上。

成蟲

白刃蜻蜓
Orthetrum albistylum

蜻蜓科。成蟲47～61mm，稚蟲18
～25mm。北海道～琉球群島。各
地常見的蜻蜓之一。棲息於平地
至低山地之間的池塘、濕地與水
田的滯水區。春季羽化。羽化蛻
會留在水邊的植物上。

成蟲

羽化

羽化蛻
約20mm。5月上旬，
於濕地的植物上採集。

腹部第4～7節上有背棘

扶桑蜻蜓

扶桑蜻蜓
Orthetrum japonicum

蜻蜓科。成蟲36～49mm，稚蟲15
～20mm。北海道～九州。棲息於
平地至丘陵之間的濕地與水田。
春季羽化。羽化蛻會留在水邊的
植物上。

成蟲

羽化蛻殼

小紅蜻蜓的羽化過程

9:04　頭部和胸部都出來

9:18　以倒垂的姿勢靜止不動

9:19　起身拉出腹部

9:25　靜止不動，伸展翅膀

9:53　舒展翅膀

11:05　張開翅膀，完成羽化

蝗蟲、螽斯、蟋蟀等的蛻（直翅類）

蝗蟲的成長和蛻皮

直翅目包括蝗蟲、蟋蟀、螽斯、竈馬和螻蛄，在日本已知大約有470種。若再加上與蝗科血緣關係密切的蠷螋科、竹節蟲科、螳螂科、蜚蠊科等昆蟲，就稱為直翅類群。

直翅目成蟲的後翅靜止時會摺疊成扇形，後腿發達，大多數為「鳴蟲」。這類昆蟲棲息環境相當廣泛，囊括了森林、草地和土裡，而且外貌豐富多樣。蝗蟲類觸角粗短，螽斯、蟋蟀、竈馬之類的昆蟲觸角長。這類昆蟲絕大多數都是植食性，但也有雜食性，甚至捕捉其他昆蟲為食。

包括直翅目在內的直翅類群昆蟲發育形式屬於不完全變態。沒有蛹期，若蟲與成蟲外觀幾乎相同，僅差在體型的大小及翅膀之有無。大多數的直翅目在變為成蟲之前都要蛻皮5至6次；到了中齡，包覆在翅包之下的翅芽就會慢慢成長。

蝗蟲與螽斯會在植物上羽化。剛開始頭先朝下，蛻皮之後再朝上舒展翅膀。牠們的蛻較大，羽化期只要仔細尋找，當能在植物上找到存留的蛻皮。

東亞飛蝗

褐背露斯

鈴蟲

日本鳴蝗的羽化蛻

東螽斯的羽化過程

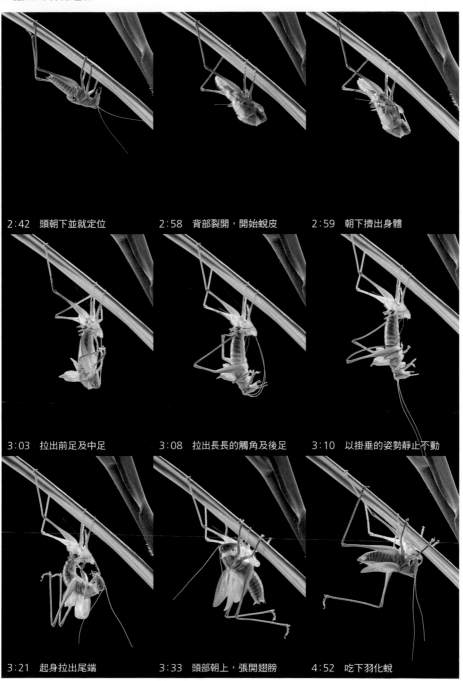

2:42　頭朝下並就定位　　　2:58　背部裂開，開始蛻皮　　　2:59　朝下擠出身體

3:03　拉出前足及中足　　　3:08　拉出長長的觸角及後足　　　3:10　以掛垂的姿勢靜止不動

3:21　起身拉出尾端　　　3:33　頭部朝上，張開翅膀　　　4:52　吃下羽化蛻

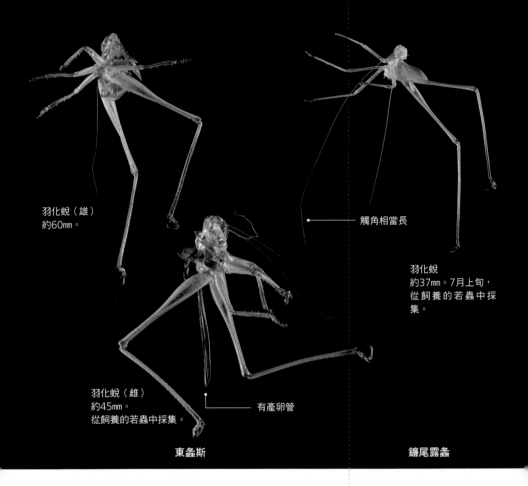

羽化蛻（雄）
約60mm。

觸角相當長

羽化蛻
約37mm。7月上旬，
從飼養的若蟲中採
集。

羽化蛻（雌）
約45mm。
從飼養的若蟲中採集。

有產卵管

東螽斯

鐮尾露螽

東螽斯
Gampsocleis mikado

螽斯科。成蟲25～42mm，若蟲30～35mm。本州。棲息於日照充足的草地上。屬雜食性，以植物葉片或捕捉其他昆蟲為食。6～7齡。夏季會在植物上羽化。蛻皮通常會毫不殘留地吃光。分布在日本西南部的是外型極為相似的西螽斯。

鐮尾露螽
Phaneroptera falcata

螽斯科。成蟲29～37mm，若蟲約15mm。北海道～琉球群島。棲息於河岸和荒地等日照充足的草地上。成蟲出現在夏季至秋季。會在草地上羽化，蛻皮通常會毫不殘留地吃光。

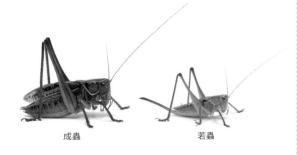

成蟲

若蟲

成蟲

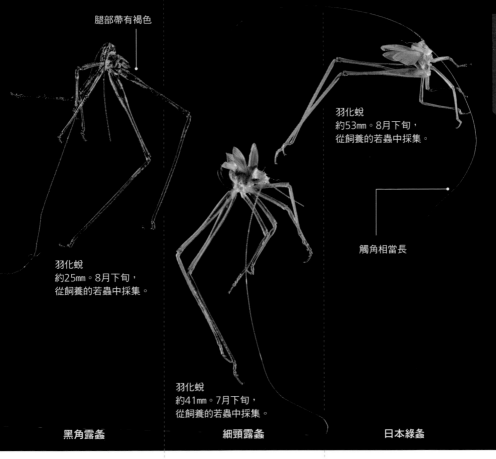

腿部帶有褐色

羽化蛻
約53mm。8月下旬，
從飼養的若蟲中採集。

觸角相當長

羽化蛻
約25mm。8月下旬，
從飼養的若蟲中採集。

羽化蛻
約41mm。7月下旬，
從飼養的若蟲中採集。

| 黑角露螽 | 細頸露螽 | 日本綠螽 |

黑角露螽
Phaneroptera nigroantennata

螽斯科。成蟲29〜37mm，若蟲
15〜20mm。北海道〜九州。棲
息於山地雜樹林的林邊及林內、
屬森林性的露螽。成蟲通常出現
在夏季至秋季這段期間。會在植
物上羽化，蛻皮通常會毫不殘留
地吃光。

細頸露螽
Shirakisotima japonica

螽斯科。成蟲35〜38mm。本
州〜九州。屬山地性，主要見於
溫帶植物上。成蟲出現在夏季。
於植物上羽化。

日本綠螽
Holochlora japonica

螽斯科。成蟲45〜62mm。本州〜
九州。主要見於平地至山地之間
的樹木上。秋季會在樹上羽化。
蛻皮通常會毫不殘留地吃光。

成蟲

成蟲

成蟲

體型龐大，全身佈滿不規則的黑點

蛻皮
約28mm。6月下旬，
於林邊的植物上採集。

羽化蛻
約21mm。8月下旬，
從飼養的若蟲中採集。

羽化蛻
約19mm。9月上旬，
採集自飼養個體。

| 突灶螽 | 黃臉油葫蘆 | 梨片蟋 |

突灶螽
Diestrammena japonica

穴螽科。成蟲24～33mm，若蟲約20mm。北海道～九州。白天會躲在樹洞和洞穴裡的大型竈馬。成蟲通常出現在夏季至秋季。會在樹洞中蛻皮。

成蟲

黃臉油葫蘆
Teleogryllus emma

蟋蟀科。成蟲39～44mm，若蟲約20mm。北海道～九州。常見於草地的蟋蟀。成蟲出現在晚夏至秋季。羽化後蛻皮通常會毫不殘留地吃光。

成蟲

梨片蟋
Truljalia hibinonis

蟋蟀科。成蟲27～33mm，若蟲約17mm。本州～九州。見於市區至雜樹林上。成蟲出現在秋季。羽化後通常會吃下蛻皮。4齡。

若蟲

成蟲

尖銳的圓錐頭

蛻皮
（1→2齡）

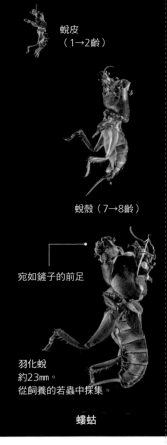

蛻殼（7→8齡）

宛如鏟子的前足

小小的

羽化蛻
約7mm。9月上旬，
採集自飼養個體。

羽化蛻
約16mm。9月上旬，
採集自草地植物上的羽化個體。

羽化蛻
約23mm。
從飼養的若蟲中採集。

| 螻蛄 | 日本菱蝗 | 負蝗 |

螻蛄

Gryllotalpa orientalis

螻蛄科。成蟲30～35mm，若蟲約30mm。北海道～琉球群島。棲息於潮濕的草地和田野上。通常藏身在土壤裡的隧道中。初夏至秋季羽化，但都在隧道內進行，故在野外不易找到蛻。

日本菱蝗

Tetrix japonica

菱蝗科。成蟲8～14mm，若蟲6～10mm。北海道～九州。一般棲息於草地及空地上。顏色變化豐富。成蟲出現在春季至秋季這段期間。

負蝗

Atractomorpha lata

蝗科。成蟲20～42mm，若蟲16～35mm。北海道～琉球群島。一般棲息於矮草地上。夏季羽化。蛻皮會留在植物上。

成蟲

成蟲

成蟲

羽化

蛻皮

蛻皮

頭部的形狀類似負蝗，不過體型較大

羽化蛻
約29mm。10月上旬，採集自飼養個體。

羽化蛻
約24mm。9月上旬，採集自飼養個體。

羽化蛻
約50mm。8月上旬，採集自飼養個體。

日本黃脊蝗

小翅稻蝗

中華劍角蝗

日本黃脊蝗
Patanga japonica

蝗科。成蟲50～70mm，若蟲28～38mm。本州～琉球群島。棲息於野葛等植物生長繁茂的草地上。秋季在植物上羽化。羽化蛻會留在植物上。以成蟲的姿態過冬。

小翅稻蝗
Oxya yezoensis

蝗科。成蟲16～40mm，若蟲14～32mm。北海道～九州。棲息於水田或周邊的草地上。夏季羽化。羽化蛻會留在植物上。

中華劍角蝗
Acrida cinerea

蝗科。成蟲40～80mm，若蟲40～65mm。本州～琉球群島。棲息於日照充足的草地上和田地裡。夏季至秋季在植物上羽化。羽化蛻會留在植物上。

若蟲

成蟲

成蟲

若蟲

成蟲

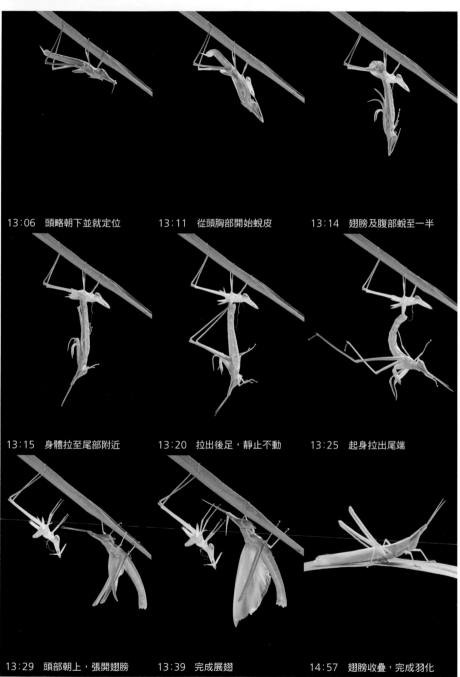

13:06　頭略朝下並就定位

13:11　從頭胸部開始蛻皮

13:14　翅膀及腹部蛻至一半

13:15　身體拉至尾部附近

13:20　拉出後足，靜止不動

13:25　起身拉出尾端

13:29　頭部朝上，張開翅膀

13:39　完成展翅

14:57　翅膀收疊，完成羽化

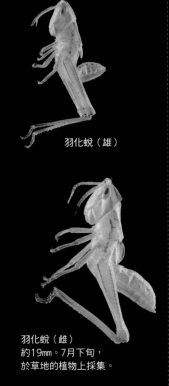

羽化蛻（雄）

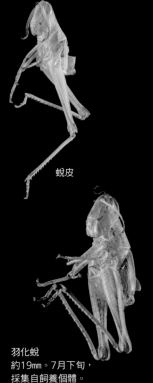

蛻皮

蛻皮（ 1→2→3→4→5齡）

羽化蛻（雌）
約19mm。7月下旬，
於草地的植物上採集。

羽化蛻
約19mm。7月下旬，
採集自飼養個體。

體型相當碩大

羽化蛻
約41mm。7月上旬，
採集自飼養個體留下的空殼。

日本鳴蝗

雛飛蝗

東亞飛蝗

日本鳴蝗
Mongolotettix japonicus

蝗科。成蟲19～30mm，若蟲15～
27mm。北海道～九州。棲息於日
照充足的草地上。夏季羽化。羽
化蛻會留在植物上。

雛飛蝗
Chorthippus maritimus

蝗科。成蟲17～30mm，若蟲14～
25mm。北海道～九州。棲息於日
照充足的草地上。夏季羽化，部
分地區冬季仍可見成蟲。

東亞飛蝗
Locusta migratoria

蝗科。成蟲35～65mm，若蟲30～
40mm。北海道～琉球群島。一種
大型蝗蟲，棲息於空地及日照充
足的草地上。夏季羽化。羽化蛻
會留在植物上。

成蟲　　　羽化

成蟲

成蟲

蛻皮

蛻皮

蛻皮（4→5齡）

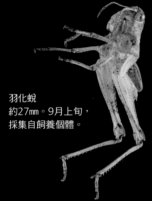

羽化蛻
約27mm。9月上旬，
採集自飼養個體。

羽化蛻
約20mm。
採集自飼養個體。

羽化蛻
約18mm。5月上旬，
採集自飼養個體。

黃脛小車蝗

濱海肥螋

球螋蛻

黃脛小車蝗
Oedaleus infernalis

蝗科。成蟲32～65mm，若蟲22
～40mm。北海道～九州。棲息於
草皮低矮的空地上。夏季羽化。
羽化蛻會留在植物上。

濱海肥螋
Anisolabis maritima

肥螋蛻科。成蟲15～36mm，若
蟲15～30mm。北海道～琉球群
島。從海灘到垃圾場極為普遍的
螋蛻。一年四季可見成蟲，過冬
型態亦各不相同。4～5齡。

球螋蛻
Labidura riparia

球螋蛻科。成蟲17～30mm，若
蟲15～25mm。北海道～琉球群
島。棲息於河川、海灘和田野。
一年四季可見成蟲。5齡。

成蟲

若蟲

成蟲

成蟲

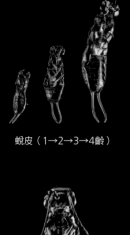

蛻皮（1→2→3→4齡）

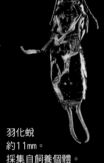

羽化蛻
約11mm。
採集自飼養個體。

張球螋屬昆蟲

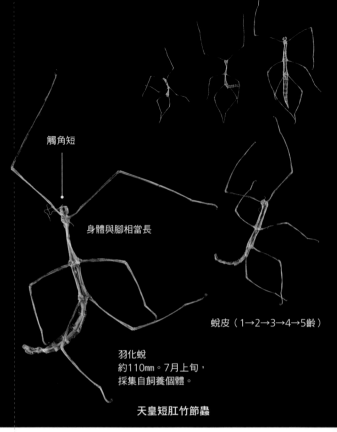

觸角短

身體與腳相當長

蛻皮（1→2→3→4→5齡）

羽化蛻
約110mm。7月上旬，
採集自飼養個體。

天皇短肛竹節蟲

張球螋屬昆蟲
Anechura harmandi

蠼螋科。成蟲11～20mm，若蟲
10～15mm。北海道～九州。棲
息於山地河川沿岸的地面及樹木
上。早春繁殖，晚春到初夏羽
化。4齡。

天皇短肛竹節蟲
Ramulus mikado

竹節蟲科。成蟲57～100mm，若蟲55～80mm。本州～九州。棲息於平
地至低山地之間的雜樹林邊緣地帶。夏季羽化。雌蟲居多，雄蟲非常罕
見。蛻皮通常會毫不殘留地吃光。5或6齡。

成蟲　　　　羽化

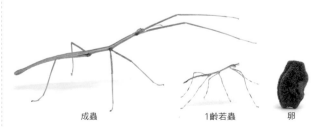

成蟲　　　　　　　　1齡若蟲　　　卵

天皇短肛竹節蟲的羽化過程

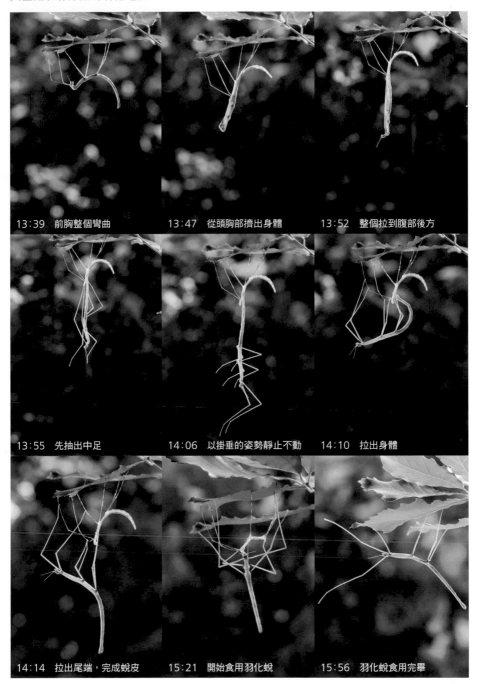

13:39　前胸整個彎曲

13:47　從頭胸部擠出身體

13:52　整個拉到腹部後方

13:55　先抽出中足

14:06　以掛垂的姿勢靜止不動

14:10　拉出身體

14:14　拉出尾端，完成蛻皮

15:21　開始食用羽化蛻

15:56　羽化蛻食用完畢

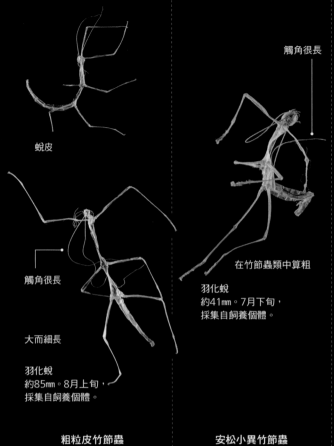

蛻皮

觸角很長

在竹節蟲類中算粗

羽化蛻
約41mm。7月下旬，
採集自飼養個體。

觸角很長

大而細長

羽化蛻
約85mm。8月上旬，
採集自飼養個體。

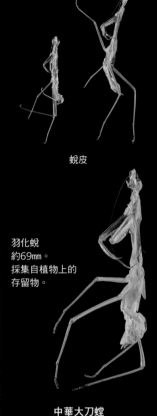

蛻皮

羽化蛻
約69mm。
採集自植物上的
存留物。

粗粒皮竹節蟲　　　　**安松小異竹節蟲**　　　　**中華大刀螳**

粗粒皮竹節蟲
Phraortes elongatus

長角棒䗛科。成蟲65～112mm。
本州～九州。棲息於平地至低山
地之間日照充足的雜樹林邊緣地
帶。夏季羽化。通常會吃下蛻
皮。雄蟲在北日本較為罕見。

安松小異竹節蟲
Micadina yasumatsui

長角棒䗛科。成蟲42～54mm，
若蟲30～40mm。北海道～九
州。棲息於偏山地的闊葉林中。
雌蟲居多，雄蟲非常罕見。夏季
羽化。

中華大刀螳
Tenodera sinensis

螳螂目。成蟲68～95mm，若蟲
60～85mm。北海道～九州。主
要棲息在森林邊緣的螳螂。夏季
至秋季羽化。羽化蛻會留在植物
上。

成蟲

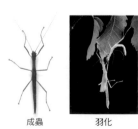

成蟲　　　　羽化

成蟲

中華大刀螳的羽化過程

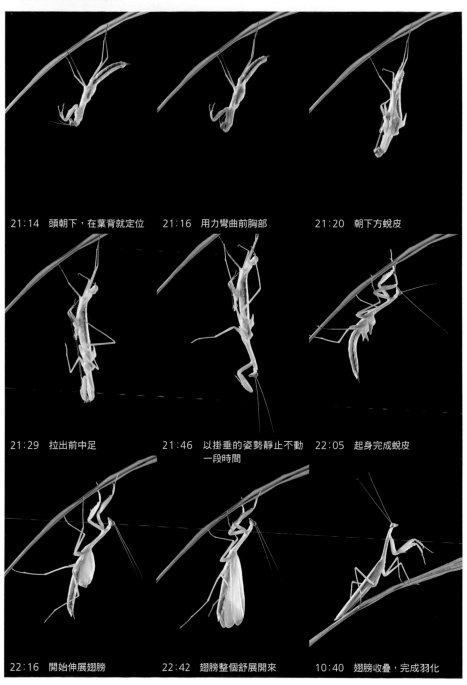

21:14　頭朝下,在葉背就定位　　21:16　用力彎曲前胸部　　21:20　朝下方蛻皮

21:29　拉出前中足　　21:46　以掛垂的姿勢靜止不動　22:05　起身完成蛻皮
　　　　　　　　　　　　　　　　　　一段時間

22:16　開始伸展翅膀　　22:42　翅膀整個舒展開來　　10:40　翅膀收疊,完成羽化

竹節蟲目

螳螂目

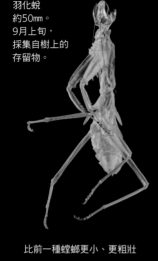

羽化蛻
約50mm。
9月上旬，
採集自樹上的
存留物。

比前一種螳螂更小、更粗壯

羽化蛻
約7mm。5月上旬，
採集自飼養個體。

羽化蛻
約22mm。
採集自飼養個體。

| 寬腹斧螳 | 日本家蠊 | 日本姬蠊（廣紋小蠊） |

寬腹斧螳
Hierodula patellifera
螳螂目。成蟲45〜71mm，若蟲
40〜60mm。本州〜琉球群島。棲
息於森林等林木叢生的邊緣地
帶。秋季羽化。

日本家蠊
Periplaneta japonica
蜚蠊科。成蟲20〜25mm，若蟲約
18mm。北海道、本州、九州。棲息
於森林等地的野外種。有時會進
入家中。春季以後羽化。8齡。

日本姬蠊（廣紋小蠊）
Blattella nipponica
姬蠊科。成蟲12〜13mm。本
州〜琉球群島。屬野外性，棲息
於雜樹林的林床間。血緣關係較
近的還有偏家居的德國蟑螂。

成蟲　　　　　羽化蛻

成蟲　　　若蟲

成蟲

體型偏圓

羽化蛻
約10mm。
採集自飼養個體。

矮小圓蠊

矮小圓蠊
Corydidarum pygmaea
匍蠊科。成蟲10～12mm。本州～
琉球群島。見於森林樹皮中的圓
滾蟑螂。若蟲似鼠婦，會把身體
蜷縮起來。

成蟲

日本家蠊的羽化過程

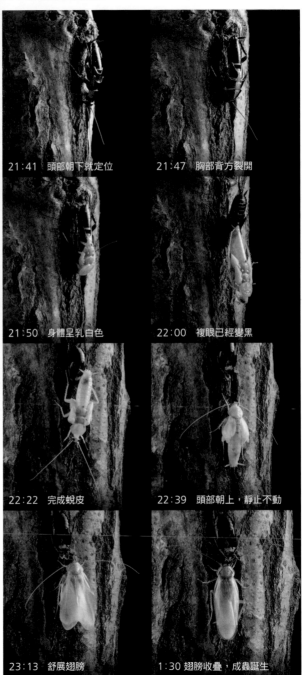

21:41 頭部朝下就定位

21:47 胸部背方裂開

21:50 身體呈乳白色

22:00 複眼已經變黑

22:22 完成蛻皮

22:39 頭部朝上，靜止不動

23:13 舒展翅膀

1:30 翅膀收疊，成蟲誕生

蟬類的蛻（半翅目蟬科）

羽化的日本油蟬

　　最容易觀察到羽化的其中一種昆蟲就是蟬。7月下旬的夜晚只要走一趟可以找到許多蟬蛻的公園，就能隨處看到剛羽化的日本油蟬正在伸展美麗的翠綠翅膀。

半翅目蟬科

蟬的成長和蛻皮

　　蟬屬於半翅目的蟬科，分布在日本的約有30多種。牠們的羽化蛻相當普遍，自然觀察的時候接觸到的機會非常多，所以我們在本節只討論蟬科，至於半翅目的其他科昆蟲則留在下節一併介紹。

　　蟬的成蟲體型碩大，身體厚實。以植物的樹液為食，以長長的口器從樹幹或樹枝中吸食。展翅飛翔時會用到胸部發達的肌肉，而且雄蟬還會用腹部腹面基部的發音器大聲鳴叫。雌蟬會將卵產在植物的樹幹上，產下的卵可以分為當年孵化及隔年孵化這兩種。

　　孵化的若蟲掉落地面之後會潛入土中，以樹根汁液為食。牠們整個身體會覆蓋著一層硬如盔甲的外皮，以便在壓實的土壤中生活。終齡蟲為5齡，短為1、2年，長則5、6年才會變為成蟲。有的蟬類若蟲期相當漫長，廣為人知的有美國的十三年蟬或十七年蟬。

　　除了日本春蟬，大多數的蟬類成蟲都會在夏天出現。成熟的若蟲會在傍晚至夜晚時分爬出地面，不過羽化主要在植物的枝幹及葉片上進行。

　　蟬的羽化蛻質地堅硬，保存狀態通常不錯，加上檢索表等輔助鑑定的資料相當齊全，光憑蟬蛻來分辨種類其實不難。若要確定種類，並且得到一個狀態良好的羽化蛻，那麼就要親自觀察羽化場景，就地採集。不管是在羽化期的傍晚追蹤爬出地面的若蟲，還是小心翼翼地把牠們帶回家在室內觀察，都有機會得到一個完美的蟬蛻。

日本油蟬

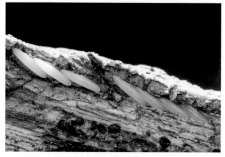

螻蛄的蟲卵

日本暮蟬的若蟲

日本油蟬的羽化蛻

日本油蟬的羽化過程

20:23　在枝頭的葉片上就定位　　20:34　背部裂開，開始蛻皮　　20:43　後仰擠出身體

20:51　留下腹節末端，靜止不動　21:14　起身拉出尾部　　21:14　頭部朝上，靜止不動

21:17　慢慢舒展翅膀　　21:26　大大地張開翅膀　　21:53　翅膀收合成屋脊形

羽化蛻
約20mm。
7月上旬，
從樹幹上採集。

全身沾滿
泥土

羽化蛻
約18mm。
在西表島
從樹幹上採集。

八重山螳蛄

在蝦夷蟬中體型算小

玲瓏渾圓的體型

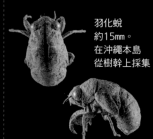

羽化蛻
約15mm。
在沖繩本島
從樹幹上採集。

整體呈黃褐色，
部分偏黑

羽化蛻
約32mm。8月上旬，
從樹幹上採集。

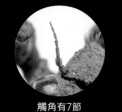

觸角有7節

比螳蛄小

螳蛄　　　　　　**黑岩螳蛄**　　　　　　**小蝦夷蟬**

螳蛄
Platypleura kaempferi

蟬科。成蟲33～38mm，若蟲
17～20mm。北海道～琉球群
島。活躍於日本全國各種樹木
上。6月下旬開始羽化。羽化蛻
會留在樹幹低處。

成蟲　　　　終齡若蟲

八重山螳蛄
Platypleura yayeyamana

蟬科。成蟲34～39mm，若蟲
17～20mm。琉球群島。僅棲息
在八重山群島。5月底開始羽
化。羽化蛻會留在樹幹上。

黑岩螳蛄
Platypleura kuroiwae

蟬科。成蟲28～32mm，若蟲
15～18mm。琉球群島。棲息於
奄美大島和沖繩本島等地。常見
於琉球松或櫻木上。4月開始羽
化。

小蝦夷蟬
Auritibicen bihamatus

蟬科。成蟲50～56mm，若蟲28
～33mm。北海道～四國。在北日
本棲息於平地至山地之間，在中
部以西起棲息於山地的中型蟬
類。7月上旬開始羽化。羽化蛻
會留在樹幹上。

成蟲　　　　羽化蛻

觸角有8節

體型碩大，全身呈紅褐色

全身呈黃褐色

羽化蛻
約36mm。7月中旬，
從樹幹上採集。

羽化蛻
約31mm。8月上旬，
從植物上採集。

羽化蛻
約30mm。
在屋久島從樹幹上採集。

腹部有粗紋圖案

腹部條紋細膩，
尾端呈黃褐色

蝦夷蟬

紅蝦夷蟬

屋久島蝦夷蟬

蝦夷蟬
Auritibicen japonicus

蟬科。成蟲59～68mm，若蟲32
～38mm。北海道～九州。在北日
本棲息於平地至山地之間，在中
部以西起棲息於低山地至山地之
間的大型蟬類。常見於赤松等針
葉樹上。7月中旬開始羽化。羽
化蛻會留在樹幹上。

成蟲　　　　羽化

紅蝦夷蟬
Auritibicen flammatus

蟬科。成蟲61～68mm，若蟲32
～38mm。北海道～九州。棲息於
闊葉林中，棲地部分侷限。7月
中旬開始羽化。羽化蛻會留在植
物上。

羽化蛻

成蟲

屋久島蝦夷蟬
Auritibicen esakii

蟬科。成蟲48～54mm。九州。
只棲息在屋久島山地、體型稍小
的蝦夷蟬。6月下旬開始羽化。

93

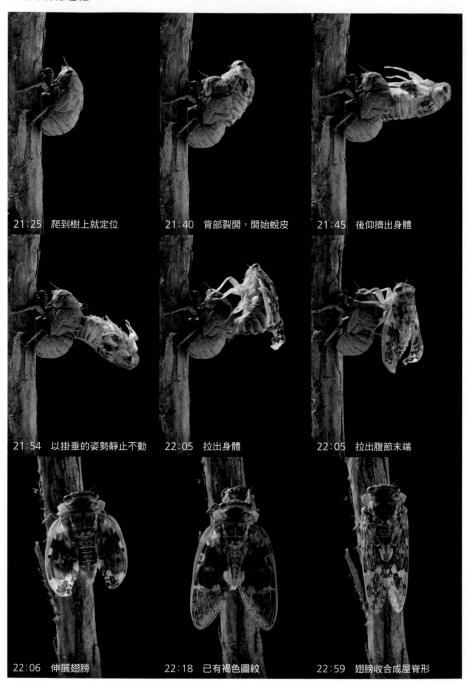

21：25　爬到樹上就定位

21：40　背部裂開，開始蛻皮

21：45　後仰擠出身體

21：54　以掛垂的姿勢靜止不動

22：05　拉出身體

22：05　拉出腹節末端

22：06　伸展翅膀

22：18　已有褐色圖紋

22：59　翅膀收合成屋脊形

顏色比熊蟬淺

觸角有8節

體型碩大，全身呈黃褐色

充滿光澤，質地結實

羽化蛻
約33mm。8月上旬，
從樹幹上採集。

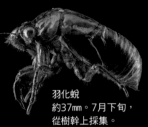

羽化蛻
約37mm。7月下旬，
從樹幹上採集。

羽化蛻
約36mm。7月下旬，
於植物上採集。

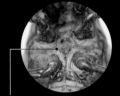

熊蟬類腹部有一個
像肚臍的突出物

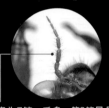

觸角為7節，毛多，第3節最長

紅脈熊蟬

日本熊蟬

日本油蟬

紅脈熊蟬
Cryptotympana atrata

蟬科。成蟲61～70mm，若蟲32～36mm。本州。棲息於石川縣部分地區的大型蟬類。一般認為是外來物種。7月中旬開始羽化。羽化蛻會留在樹幹上。

成蟲　　　　若蟲

日本熊蟬
Cryptotympana facialis

蟬科。成蟲61～68mm，若蟲32～36mm。本州～琉球群島。棲息於平地至低山地的大型蟬類。近年來在關東地區越來越常見。7月上旬開始羽化。羽化蛻會留在樹上。

成蟲　　　　羽化蛻

日本油蟬
Graptopsaltria nigrofuscata

蟬科。成蟲53～58mm，幼蟲25～33mm。北海道～九州。7月中旬開始羽化。羽化蛻會留在植物上。在日本各地相當普遍，只要與他種蟬類的羽化蛻相比，就能輕易看出差異。

成蟲　　　　若蟲

與日本油蟬極為相似，
但顏色稍深

小而薄的蟬蛻

羽化蛻
約20mm。5月下旬，
從樹幹上採集。

羽化蛻
約30mm。
在沖繩本島從樹幹上採集。

羽化蛻
約21mm。5月下旬，
於植物上採集。

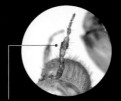

觸角第4節的長度與第1到第3節
的長度差不多

觸角第4節的長度比第1到第3節
的長度短

| 琉球油蟬 | 日本春蟬 | 蝦夷春蟬 |

琉球油蟬

Graptopsaltria bimaculata

蟬科。成蟲50～62mm、若蟲25
～33mm。琉球群島。與棲息於沖
繩的日本油蟬同類。6月開始羽
化。

日本春蟬

Yezoterpnosia vacua
=(Terpnosia vacua)

蟬科。成蟲32～37mm，若蟲15
～20mm。本州～九州。從春季至
初夏出現的小型蟬類。棲息於赤
松林等地。4月中旬開始羽化。
羽化蛻會留在樹幹上。

蝦夷春蟬

Terpnosia nigricosta

蟬科。成蟲39～45mm，若蟲19
～24mm。北海道～九州。在春蟬類
中體型最大。棲息於關東以西山
區的落葉性闊葉林中。5月中旬開
始羽化。羽化蛻會留在植物上。

成蟲　　　　　　　若蟲

成蟲　　　　　　羽化蛻

日本春蟬的羽化過程

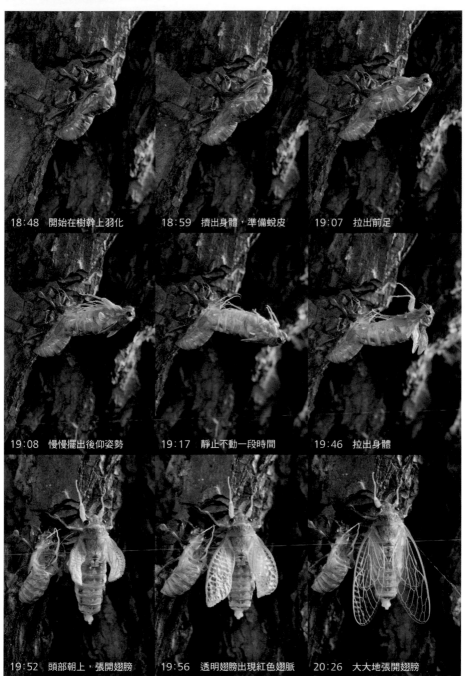

18:48　開始在樹幹上羽化

18:59　擠出身體，準備蛻皮

19:07　拉出前足

19:08　慢慢擺出後仰姿勢

19:17　靜止不動一段時間

19:46　拉出身體

19:52　頭部朝上，張開翅膀

19:56　透明翅膀出現紅色翅脈

20:26　大大地張開翅膀

體型比前兩種小

羽化蛻
約18mm。8月上旬,
從樹幹上採集。

大小與前一種
幾乎相同

羽化蛻
約17mm。在沖繩本島
從樹幹上採集。

沖繩姬春蟬

羽化蛻
約26mm。7月上旬,
從植物上採集。

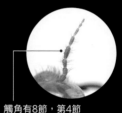

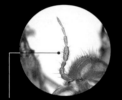

觸角第4節的長度比第1到第3節
短,第5節以後突然變細

姬春蟬

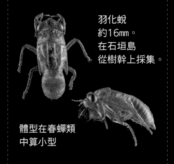

羽化蛻
約16mm。
在石垣島
從樹幹上採集。

體型在春蟬類
中算小型

岩崎姬春蟬

觸角有8節,第4節
比第3節長

日本暮蟬

姬春蟬
Euterpnosia chibensis

蟬科。成蟲33〜38mm,若蟲
11〜18mm。本州〜琉球群島。
棲息於栲樹或橡樹等常綠闊葉林
中。局部分布在本州。體型比前
兩種春蟬小。6月下旬開始羽
化。

成蟲

羽化蛻

沖繩姬春蟬
Euterpnosia okinawana

蟬科。成蟲32〜37mm,若蟲
11〜18mm。琉球群島。見於沖
繩本島的栲樹或橡樹類樹木周
圍。6月開始羽化。

岩崎姬春蟬
Euterpnosia iwasakii

蟬科。成蟲28〜33mm,若蟲
10〜15mm。琉球群島。棲息於
八重山群島的栲樹及橡樹林中。
5月下旬開始羽化。

日本暮蟬
Tanna japonensis

蟬科。成蟲42〜50mm,若蟲
22〜28mm。北海道〜琉球群
島。天色漸暗時分會齊聲鳴啼的
中型蟬。大多在昏暗的樹林裡。
6月下旬開始羽化。羽化蛻會留
在植物上。

成蟲

羽化

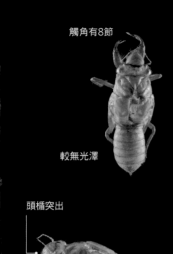

觸角有8節

較無光澤

頭楯突出

羽化蛻
約25mm。8月中旬，
從植物上採集。

體色比寒蟬深

羽化蛻
約28mm。在沖繩本島
從樹幹上採集。

羽化蛻
約30mm。
在石垣島從樹幹上採集。

寒蟬 | 大島寒蟬 | 岩崎寒蟬

寒蟬
Meimuna opalifera

蟬科。成蟲40～45mm，若蟲
22～25mm。北海道～九州。棲
息於平地至低山地林間的中型蟬
類。7月中旬開始羽化。羽化蛻
會留在植物上。

大島寒蟬
Meimuna oshimensis

蟬科。成蟲50～56mm，若蟲25
～32mm。琉球群島。和寒蟬同
類，體型比前一種碩大。棲息於
奄美大島至沖繩本島山區。8月
下旬開始羽化。

岩崎寒蟬
Meimuna iwasakii

蟬科。成蟲46～53mm，若蟲
25～32mm。琉球群島。和分布
於八重山群島的寒蟬同類。8月
下旬開始羽化。

成蟲

羽化蛻

體型與日本油蟬差不多大

外型貌似寒蟬,但體型偏大,
顏色偏深。

羽化蛻
約26mm。在沖繩本島
從樹幹上採集

羽化蛻
約30mm。8月中旬,
從植物上採集。

羽化蛻
約37mm。8月上旬,
從植物上採集。

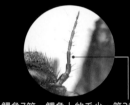

觸角7節,觸角上的毛少,第3節
的長度與第2節大致相同

黑岩寒蟬　　　　　**竹蟬**　　　　　**斑透翅蟬**

黑岩寒蟬
Meimuna kuroiwae

蟬科。成蟲42～49mm,若蟲
23～26mm。九州～琉球群島。
棲息在大隅半島至沖繩本島。8
月中旬開始羽化。

竹蟬
Platylomia pieli

蟬科。成蟲50～70mm,若蟲33
～38mm。本州。僅在部分竹林中
棲息的大型蟬類。一般認為是來
自中國大陸的外來種。7月開始
羽化。羽化蛻也相當碩大。

斑透翅蟬
Hyalessa maculaticollis

蟬科。成蟲55～65mm,若蟲28
～32mm。北海道～九州。與日本
油蟬同為平地(在西日本是低山
地至山地間)常見的蟬類。7月
中旬開始羽化。羽化蛻會留在植
物上。

成蟲

成蟲

羽化蛻

顏色較深

羽化蛻
約22mm。
在西表島從樹幹上採集。

端黑蟬

日本最小的蟬

羽化蛻
約14mm。在沖繩本島
從甘蔗上採集。

姬草蟬

九州以北最小的蟬類

羽化蛻
約22mm。9月上旬，
從植物上採集。

嘖嘖小蟬

端黑蟬

Vagitanus terminalis
=(Nipponosemia terminalis)

蟬科。成蟲30〜37mm，若蟲
22〜27mm。琉球群島。棲息在
宮古群島和八重山群島的小型蟬
類。5月開始羽化。

姬草蟬

Mogannia minuta

蟬科。成蟲18〜24mm，若蟲
12〜17mm。琉球群島。日本最
小的蟬類。棲息在有芒草的草地
上或甘蔗田中。3月開始羽化。

嘖嘖小蟬

Kosemia radiator

蟬科。成蟲28〜33mm，若蟲
16〜22mm。北海道〜九州。九
州以北最小的蟬類。棲息在松樹
等針葉林中，但會在杜鵑花上產
卵。8月開始羽化，並一直活躍
到秋季。

成蟲

產卵的雌蟲

椿象、沫蟬、葉蟬等的蛻（其他的半翅目）

羽化的度氏暴獵蝽

　　無論是若蟲還是成蟲，全身都黑黝一片的度氏暴獵蝽只要靜止不動，根本就難以察覺牠的存在，不過剛羽化的新成蟲全身的顏色卻是紅潤豔麗。只要在春天遇到牠們集體羽化的場面，鮮豔亮麗的畫面定會讓人目不轉睛。

椿象的成長和蛻皮

椿象屬於半翅目異翅亞目，主要棲息在森林及草地之中，狄氏大田鱉與水黽也是同類，棲息於陸地及水中等各式各樣的環境之中。

成蟲擁有由堅硬的革質與柔軟的膜質所組成的翅膀以及長長的口器，以吸吮植物的果實、種子、樹液和動物的體液等液體為食。位在後胸腹面與側面的臭腺開口會發出「臭味」。

幼蟲外型與成蟲相似，終齡通常為5齡（有些為4齡），形式為不完全變態。

陸生椿象大多在植物上羽化。羽化蛻以盾背蝽類的較為結實，不過這些蛻羽化後通常會掉落，在野外往往不易尋獲，若能飼養，不妨藉此入手。若是狄氏大田鱉這一類的水生椿象，包括羽化在內的蛻皮全都是在水中進行。

除了上一節提到的蟬類，沫蟬、葉蟬、蠟蟬、蚜蟲等皆屬同翅亞目，大多以植物汁液為食，不管是蛻皮還是羽化，都幾乎在植物上進行。只要仔細觀察，還是可以找到羽化蛻的。

上述這些合稱為半翅目的昆蟲在日本約有3000種。

茶翅蝽

鈍肩普緣蝽的成蟲和若蟲

度氏暴獵蝽的若蟲

度氏暴獵蝽的羽化蛻

拉維斯氏寬盾蝽的羽化過程

| 8:25 在葉背就定位 | 9:31 出現十字形的裂縫 | 9:38 從裂縫中擠出身體 |

| 9:44 身體呈奶油色 | 9:48 拉至小盾片[8] | 10:08 抽出所有的腳 |

| 10:08 拉出腹部末端，完成蛻皮 | 11:52 慢慢顯色 | 6:01 隔天早上變成綠色 |

---

8 小盾片（小楯板）：前翅之間的三角形。為胸部（中胸背板）的一部分。

蛻皮

羽化蛻
約7mm。6月上旬，
採集自飼養個體。

羽化蛻
約10mm。6月下旬，
從樹上的葉背採集。

羽化蛻
約5mm。5月，
採集自飼養個體。

鞘圓沫蟬

白帶尖胸沫蟬

竹內刺沫蟬

鞘圓沫蟬
Lepyronia coleoptrata

尖胸沫蟬科。成蟲8～9mm。北海道～九州。體型偏圓的沫蟬。若蟲會在禾本科植物或魁蒿裡製作沫巢。初夏在沫巢裡羽化，只要泡沫消失，就會看到羽化蛻。

白帶尖胸沫蟬
Aphrophora intermedia

尖胸沫蟬科。成蟲11～12mm。北海道～九州。在各地相當普遍的沫蟬。若蟲會在玫瑰、樹莓及柳樹等各類植物中築沫巢。初夏開始羽化。羽化蛻會在植物葉背存留一段時間。

竹內刺沫蟬
Machaerota takeuchii

刺沫蟬科。成蟲7～8mm。本州～九州。背部有個小楯板延伸特化的大刺狀物。若蟲會在山區的華東椴等樹枝上製作一個螺旋狀的石灰質巢穴。5月開始離開沫巢羽化。羽化蛻會暫時黏著一段時間。

成蟲　　在沫巢內羽化

成蟲　　離開沫巢再羽化

成蟲　　離開沫巢再羽化

羽化蛻
約4mm。5月上旬，
採集自飼養個體。

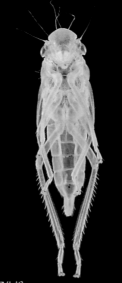

羽化蛻
約10mm。9月上旬，
採集自飼養個體留下的羽化蛻。

羽化蛻
約10mm。5月上旬，
採集自飼養個體。

| 雙斑沫蟬 | 黑尾大葉蟬 | 小耳葉蟬 |

雙斑沫蟬
Hindoloides bipunctata

巢沫蟬科。成蟲4～5mm，若蟲4～5mm。北海道～琉球群島。若蟲會在櫻樹類的樹枝上製作石灰質巢穴。5月開始離開沫巢羽化。羽化蛻會暫時黏著一段時間。

黑尾大葉蟬
Bothrogonia ferruginea

葉蟬科。成蟲12～13mm，若蟲9～11mm。本州～九州。在日本俗稱「香蕉蟲」的黃色葉蟬。棲息於低山地的樹林間。8月至9月會在植物葉背羽化。羽化蛻會暫時存留一段時間。

小耳葉蟬
Petalocephala discolor

耳葉蟬科。成蟲9～13mm，若蟲約10mm。本州～九州。活躍於平地至山地之間的山毛櫸科植物上，如枹櫟。若蟲會貼在樹枝上過冬，待春天來時再羽化。

成蟲

離開沫巢再羽化

成蟲

若蟲

成蟲

越冬若蟲

黑尾大葉蟬的羽化過程

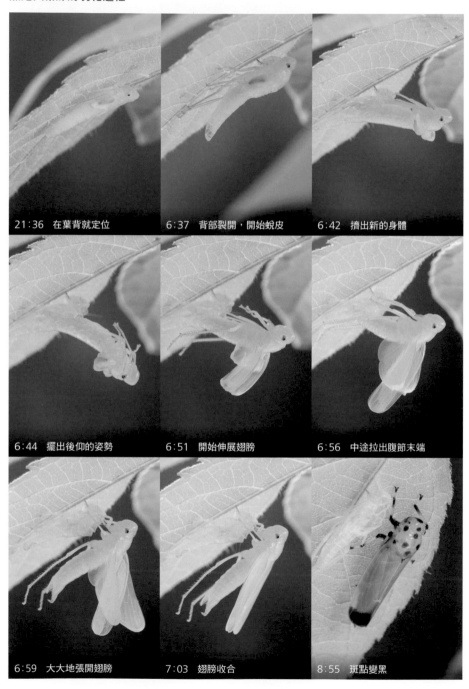

21：36　在葉背就定位	6：37　背部裂開，開始蛻皮	6：42　擠出新的身體
6：44　擺出後仰的姿勢	6：51　開始伸展翅膀	6：56　中途拉出腹節末端
6：59　大大地張開翅膀	7：03　翅膀收合	8：55　斑點變黑

尾部有蠟絲

覆蓋著一層白蠟物質

蛻皮

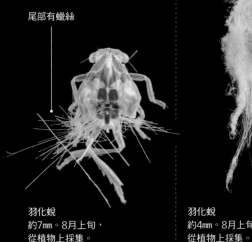

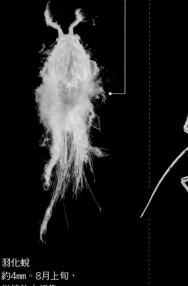

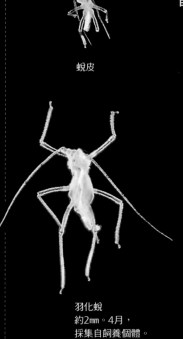

羽化蛻
約7mm。8月上旬，
從植物上採集。

羽化蛻
約4mm。8月上旬，
從植物上採集。

羽化蛻
約2mm。4月，
採集自飼養個體。

條紋廣翅蠟蟬

青蛾蠟蟬

豌豆蚜

條紋廣翅蠟蟬
Ricania japonica

廣翅蠟蟬科。成蟲6～8mm。本州～琉球群島。常見於桑樹等闊葉樹上的蠟蟬。夏天會在葉背羽化。羽化蛻會暫時黏著一段時間。

青蛾蠟蟬
Geisha distinctissima

蛾蠟蟬科。成蟲5～7mm，若蟲約5mm。本州～琉球群島。活躍於各種闊葉樹上。夏季會在葉背或樹枝上羽化。羽化蛻會暫時黏著一段時間。

豌豆蚜
Acyrthosiphon pisum

常蚜科。成蟲約4mm。北海道～九州。春季到初夏常見於豌豆及白三葉草等豆科植物上的蚜蟲。需蛻皮5次才能變為成蟲。

成蟲　　　　　　若蟲

成蟲

成蟲（無翅型胎生雌蟲）

豌豆蚜（有翅型雄蟲）的羽化過程

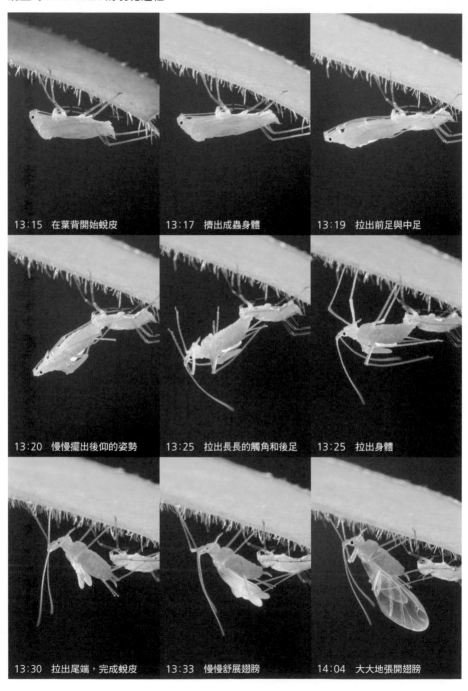

13:15　在葉背開始蛻皮

13:17　擠出成蟲身體

13:19　拉出前足與中足

13:20　慢慢擺出後仰的姿勢

13:25　拉出長長的觸角和後足

13:25　拉出身體

13:30　拉出尾端，完成蛻皮

13:33　慢慢舒展翅膀

14:04　大大地張開翅膀

蛻皮

蛻皮
約6mm。10月下旬，
採集自飼養個體。

栗大蚜

蛻皮（1→2→3→4→5齡）

羽化蛻
約29mm。
採集自飼養個體。

日本紅娘華

蛻皮（1→2→3→4→5齡）

羽化蛻
約16mm。
採集自飼養個體。

霍氏蠍蝽

栗大蚜
Lachnus tropicalis

常蚜科。成蟲約3mm。北海道～
九州。在栗樹、麻櫟和枹櫟上群
生的黑色蚜蟲。秋季尾聲會聚集
在樹幹上產卵，形成卵塊。

日本紅娘華
Laccotrephes japonensis

蠍蝽科。成蟲30～38mm，若蟲
約25mm。本州～琉球群島。棲息
於池塘、稻田、濕地及水路中。
夏天會在水中羽化，故在野外不
易找到羽化蛻。5齡。

霍氏蠍蝽
Nepa hoffmanni

蠍蝽科。成蟲18～22mm，若蟲
約13mm。本州～四國。棲息於水
田、濕地及水路中。 棲地侷限。
5齡。

秋季大集合

蛻皮

成蟲

成蟲

蛻皮（1→2→3→4→5齡）

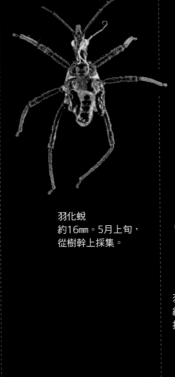

羽化蛻
約16mm。5月上旬，
從樹幹上採集。

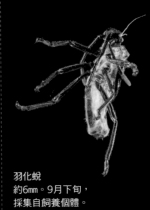

羽化蛻
約6mm。9月下旬，
採集自飼養個體。

羽化蛻
約48mm。
採集自飼養個體。

狄氏大田鱉

度氏暴獵蝽

紅脊長蝽

狄氏大田鱉
Kirkaldyia deyrolli

負蝽科。成蟲48～65mm，若蟲
約45mm。北海道～琉球群島。日
本最大的捕食性水棲昆蟲。棲息
於池塘、水田及濕地。5齡。從
晚夏開始羽化。

成蟲

度氏暴獵蝽
Agriosphodrus dohrni

獵蝽科。成蟲15～24mm，若蟲約
15mm。本州～九州。色澤黑亮的
大型獵蝽。見於人煙稠密的櫻花
樹幹上。5齡。以若蟲型態過冬，
並於五月羽化。

成蟲

紅脊長蝽
Tropidothorax elegans

長蝽科。成蟲約8mm。本州～琉
球群島。朱黑兩色分布的椿象。
群生在草地的蘿藦科植物上。成
蟲活躍於秋季。

成蟲和若蟲

度氏暴獵蝽的羽化過程

9:03 在樹幹上的樹洞邊緣就定位	9:12 背部裂開，擠出身體
9:22 慢慢掛垂	9:39 擠出頭部
9:50 拉出所有的腳	10:08 留下尾部，靜止不動
10:21 拉出腹部末端，完成蛻皮	10:24 暫時保持鮮紅色

蛻皮

羽化蛻
約8mm。8月下旬，
採集自飼養個體。

環紋黑緣椿象

環紋黑緣椿象
Hygia (Colpura) lativentris

緣椿科。成蟲9～12mm，若蟲約7mm。北海道～琉球群島。群生在薊類或樹莓類等植物的莖幹上。成蟲活躍於春季至秋季之間。5齡。

成蟲

羽化蛻
約9mm。9月，
採集自飼養個體。

黑色部分
特別油亮

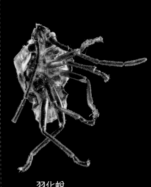

羽化蛻
約9mm。9月中旬，
採集自飼養個體。

羽化蛻
約9mm。6月上旬，
採集自飼養個體。

一點同緣蝽　　　　　鈍肩普緣蝽　　　　　威氏嬌異蝽

一點同緣蝽
Homoeocerus unipunctatus

緣蝽科。成蟲12～15mm，若蟲
約10mm。北海道～琉球群島。常
見於野葛等豆科植物的椿象。成
蟲活躍於晚春至秋季之間。5
齡。

鈍肩普緣蝽
Plinachtus bicoloripes

緣蝽科。成蟲14～17mm，若蟲
約11mm。本州～琉球群島。常見
於衛矛及西南衛矛等衛矛科植物
的椿象。成蟲活躍於秋季。

威氏嬌異蝽
Urostylis westwoodii

異尾蝽科。成蟲約12mm，若蟲約
9mm。本州～九州。秋天會聚集
在麻櫟上產下條狀卵塊的椿象。
初夏羽化。5齡。有極為相似的
近緣種。

成蟲　　　　　若蟲

成蟲

若蟲

成蟲　　　　　若蟲

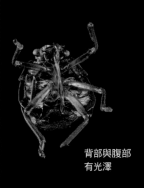

背部與腹部
有光澤

略帶金屬光澤

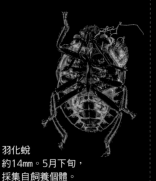

體型渾圓，
全身覆蓋著一層毛

羽化蛻
約4mm。8月下旬，
採集自飼養個體。

羽化蛻
約14mm。5月下旬，
採集自飼養個體。

羽化蛻
約8mm。在沖繩本島採集。

| 斑點龜蝽 | 拉維斯氏寬盾蝽 | 七星盾背椿象 |

斑點龜蝽

Megacopta punctatissimum

龜蝽科。成蟲約5mm，若蟲約5mm。本州～九州。玲瓏體圓的椿象。常見於野葛及多花紫藤等豆科植物上。初秋羽化。5齡。

拉維斯氏寬盾蝽

Poecilocoris lewisi

盾背蝽科。成蟲16～20mm，若蟲約13mm。本州～九州。活躍於林間及林邊的美麗椿象。以終齡若蟲型態過冬，並於5～6月羽化。5齡。

七星盾背椿象

Calliphara nobilis

盾背蝽科。成蟲16～20mm，若蟲10～12mm。琉球群島。散發出亮麗綠色光芒的椿象。若蟲的顏色也會隨著光線照射的角度而改變。成蟲活躍於5月到6月。5齡。

成蟲

成蟲　　　　若蟲

成蟲

115

羽化蛻
約12mm。9月上旬，
採集自飼養個體。

羽化蛻
約9mm。8月下旬，
採集自飼養個體。

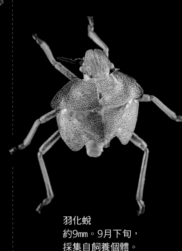

羽化蛻
約9mm。9月下旬，
採集自飼養個體。

蝦殼蝽象　　　　　　茶翅蝽　　　　　　碧蝽

蝦殼椿象
Gonopsis affinis

蝽科。成蟲14～19mm，若蟲約15
mm。本州～九州。活躍於芒草等
植物上，體型扁平的椿象。秋季
羽化。5齡。

茶翅蝽
Halyomorpha halys

蝽科。成蟲13～18mm，若蟲約
12mm。北海道～琉球群島。常見
於農作物等各種植物的椿象。秋
季羽化。5齡。

碧蝽
Palomena angulosa

蝽科。成蟲12～16mm，若蟲約11
mm。北海道～九州。在寒冷地區
會出現在平原，溫暖地區會出現
在山地的綠色椿象。秋季羽化。5
齡。

成蟲　　　　　若蟲

成蟲　　　　　若蟲

成蟲　　　　　若蟲

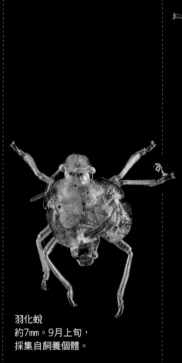

有光澤

羽化蛻
約6mm。9月中旬，
採集自飼養個體。

羽化蛻
約5mm。8月下旬，
採集自飼養個體。

羽化蛻
約7mm。9月上旬，
採集自飼養個體。

甘藍菜蝽　　　　　　　　東方稻綠蝽　　　　　　　　紫藍曼椿象

甘藍菜蝽
Eurydema rugosa

蝽科。成蟲7～10mm，若蟲約6
mm。北海道～九州。常見於薺菜
或高麗菜等十字花科植物上的椿
象。成蟲每年會出現1～2次蹤
影。5齡。

東方稻綠蝽
Nezara antennata

蝽科。成蟲12～16mm，若蟲約
10mm。北海道～琉球群島。活躍
於果樹及蔬菜等各種植物上的綠
色椿象。每年羽化2～3次。有數
種相似的近緣種。

紫藍曼椿象
Menida violacea

蝽科。成蟲8～10mm。北海道～
九州。體型充滿光澤，小盾片尾
端有個顯眼白點的小型椿象。活
躍於各種植物上。秋季羽化。

成蟲

成蟲

成蟲　　　　　　若蟲

甲蟲的蛻（鞘翅目）

羽化中的白條天牛

　　白條天牛的幼蟲以原木為食，成長需要耗費數年。不管是化蛹還是羽化，都是在樹木內進行，一般是看不到這些場面，更別說找到蛻殼了。唯一能夠看到的，就是新成蟲挖出一個圓圓的孔洞之後鑽出來的羽化場景了。

甲蟲的成長和蛻皮

鞘翅目是物種數量最多的族群，在日本約有9000種。

成蟲以硬如盔甲、從中後胸整個覆蓋至腹部的前翅為特徵，並用摺疊在底下的膜質後翅飛翔。形態相當多樣，食性也頗為廣泛，有植食性、捕食性，還有腐食性與菌食性。不管是什麼樣的環境，從陸地到水中皆可見其蹤影。

幼蟲的型態相當多樣，有圓筒形、紡錘形及金龜形；多數有6條胸足，但也有缺腳的幼蟲。

甲蟲的發育形式為完全變態。幼蟲成熟後會化蛹，之後再羽化為成蟲。經過兩次大規模的蛻皮之後，成蟲就會展現出與幼蟲截然不同的模樣。當中如地膽（芫青）類的昆蟲外貌在幼蟲階段會產生巨大變化，這樣的過程稱為過變態。

大多數的甲蟲蛻殼在野外是找不到的。像天牛或金龜子等幼蟲通常都會在木材、腐植土或土壤中化蛹及羽化，所以這些蛻通常都要透過飼養幼蟲的方式來取得，只是得到的化蛹皮及蛹殼在蛻皮的時候往往會因為遭到壓縮而破損。另一方面，會在植物上化蛹及羽化的昆蟲，如：瓢蟲以及部分金花蟲所留下的蛻殼通常都可以在野外找到。

捲葉象鼻蟲（搖籃蟲）

日本小鍬形蟲的幼蟲

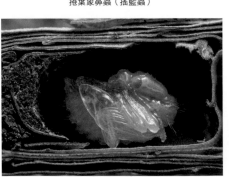

傑克爾捲葉象鼻蟲的蛹

黑緣紅瓢蟲的化蛹皮和蛹殼

獨角仙的化蛹過程

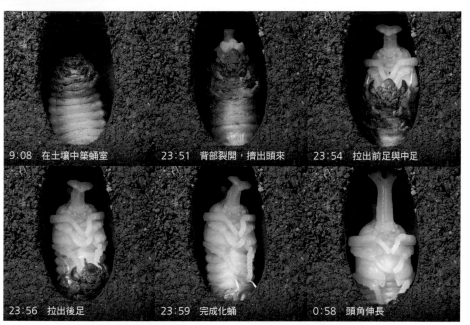

9:08　在土壤中築蛹室　　23:51　背部裂開，擠出頭來　　23:54　拉出前足與中足

23:56　拉出後足　　23:59　完成化蛹　　0:58　頭角伸長

獨角仙的羽化過程

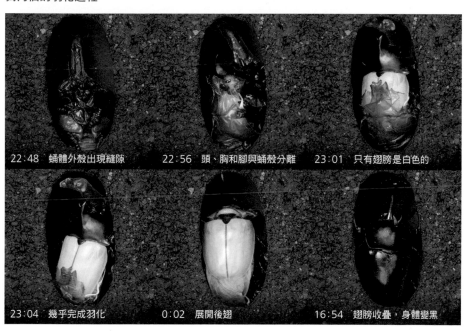

22:48　蛹體外殼出現縫隙　　22:56　頭、胸和腳與蛹殼分離　　23:01　只有翅膀是白色的

23:04　幾乎完成羽化　　0:02　展開後翅　　16:54　翅膀收疊，身體變黑

121

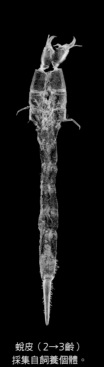

蛻皮（2→3齡）
採集自飼養個體。

化蛹皮

蛹殼
約10mm。
採集自飼養個體。

化蛹皮

蛹殼
約24mm。
採集自飼養個體。

日本大龍蝨　　　　**四星埋葬蟲**　　　　**日本小鍬形蟲**

日本大龍蝨
Cybister japonicus

龍蝨科。成蟲36～39mm，幼蟲
約68mm。北海道～九州。棲息於
池塘或水流平緩的河川中。會在
土裡化蛹及羽化。3齡。

四星埋葬蟲
Nicrophorus quadripunctatus

埋葬蟲科。成蟲13～21mm，幼
蟲約20mm。北海道～九州。會將
小動物的屍體埋在地裡，加工成
肉丸之後用來餵養子代。一年羽
化1－2代。從蛻皮到羽化都在地
下進行，通常看不到蛻。

日本小鍬形蟲
Dorcus rectus

鍬形蟲科。成蟲17～54mm。北
海道～九州。常見於雜樹林的鍬
形蟲。7～9月會在闊葉樹的朽木
中化蛹、羽化。蛹殼在朽木裡，
通常不會被發現。

成蟲

成蟲　　　　幼蟲

成蟲　　　　幼蟲

日本小鍬形蟲的化蛹過程

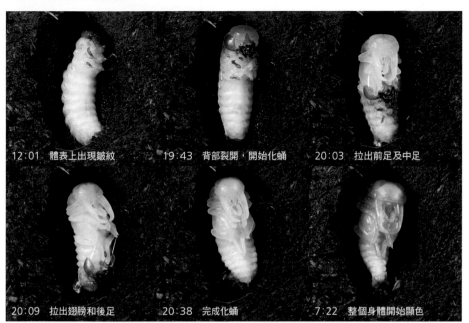

12:01 體表上出現皺紋　　19:43 背部裂開，開始化蛹　　20:03 拉出前足及中足

20:09 拉出翅膀和後足　　20:38 完成化蛹　　7:22 整個身體開始顯色

日本小鍬形蟲的羽化過程

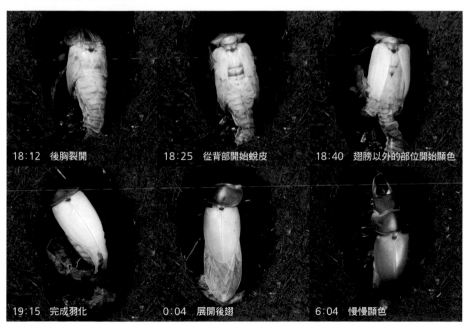

18:12 後胸裂開　　18:25 從背部開始蛻皮　　18:40 翅膀以外的部位開始顯色

19:15 完成羽化　　0:04 展開後翅　　6:04 慢慢顯色

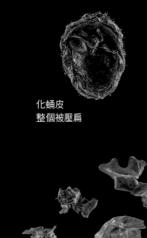

化蛹皮
整個被壓扁

化蛹皮

化蛹皮

蛹殼
約53mm。
採集自飼養個體。

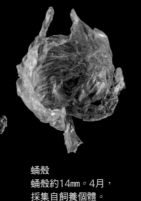

蛹殼
蛹殼約14mm。4月，
採集自飼養個體。

羽化蛻
約12mm。4月下旬，
採集自飼養個體。

獨角仙

金邊青花金龜

小青花金龜

獨角仙
Allomyrina dichotoma

金龜子科。成蟲32～53mm，幼蟲約80mm。北海道～琉球群島。在腐葉土及朽木中成長，7月開始在土裡的蛹室中化蛹、羽化。蛻通常不會存留。3齡。

成蟲　　　幼蟲

金邊青花金龜
Eucetonia roelofsi

金龜子科。成蟲15～19mm，幼蟲約40mm。北海道～九州。喜歡停留在花朵上的綠色中型花金龜。幼蟲會在質地柔軟的朽木中化蛹、羽化。成蟲活躍於5月～9月。

成蟲　　　幼蟲

小青花金龜
Oxycetonia jucunda

金龜子科。成蟲10～14mm，幼蟲約23mm。北海道～九州。身體為綠色、體型略小的花金龜。幼蟲生長在柔軟的朽木及腐葉土裡，4～5月會建造蛹室，並在裡頭化蛹及羽化。3齡。

成蟲　　　幼蟲

化蛹皮

化蛹時背部呈一直線裂開

化蛹皮

化蛹皮

化蛹皮

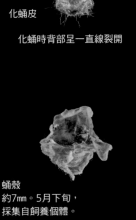

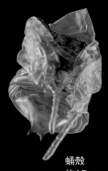

蛹殼
約7mm。5月下旬，
採集自飼養個體。

蛹殼
約10mm。6月上旬，
採集自飼養個體。

蛹殼
約15mm。
採集自飼養個體。

東方微條金龜

豔青銅金龜

大虎斑花金龜

東方微條金龜
Blitopertha orientalis

金龜子科。成蟲8～14mm，幼蟲
約25mm。北海道～琉球群島。花
斑圖紋顏色有深有淺的小型金龜
子。幼蟲以植物的根為食，成蟲
則是吃葉子。蛹會躲在幼蟲的蛻
皮中。

豔青銅金龜
Anomala lucens

金龜子科。成蟲14～18mm。北
海道～九州。富有光澤的小型金
龜子。顏色變異大，相似種多。
幼蟲以腐植土為食，成蟲則是吃
葉子。

大虎斑花金龜
Paratrichius doenitzi

金龜子科。成蟲12～16mm，幼
蟲約25mm。本州～九州。背部擁
有美麗圖案的花金龜。幼蟲在朽
木中成長。3齡。成蟲夏天會在
山地間訪花。

成蟲   蛹

成蟲

成蟲   幼蟲

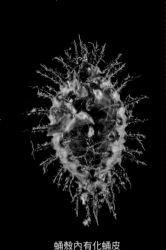

蛹殼內有化蛹皮

蛹殼內有化蛹皮

化蛹皮・蛹殼
約11mm。於梅樹樹枝上採集。

化蛹皮・蛹殼
約5mm。6月下旬，
採集自飼養個體。

尾部有化蛹皮

化蛹皮・蛹殼
約8mm。4月，
採集自飼養個體。

黑緣紅瓢蟲

紅點唇瓢蟲

七星瓢蟲

黑緣紅瓢蟲
Chilocorus rubidus
瓢蟲科。成蟲6～7mm，幼蟲約8
mm。北海道～九州。幼蟲以軟介
殼蟲類昆蟲為食，初夏羽化。會
在幼蟲體內悄悄進行化蛹的過
程。

紅點唇瓢蟲
Chilocorus kuwanae
瓢蟲科。成蟲3～5mm，幼蟲約6
mm。北海道～九州。幼蟲以介殼
蟲類昆蟲為食，初夏羽化。形成
一個化蛹皮和蛹殼合而為一的
蛻。

七星瓢蟲
Coccinella septempunctata
瓢蟲科。成蟲5～7mm，幼蟲約10
mm。北海道～琉球群島。在各地
相當普遍的瓢蟲。以蚜蟲為食。
每年會有好幾個世代。4齡。化蛹
皮和蛹殼會合為一體。

成蟲

羽化

成蟲

成蟲

幼蟲

七星瓢蟲的化蛹過程

9:52 用尾端就定位

10:04 背部裂開，開始蛻皮

10:05 蛹體為黃色

10:08 蛻皮留在尾端

10:51 慢慢顯色

14:53 圖紋部分變成黑色

七星瓢蟲的羽化過程

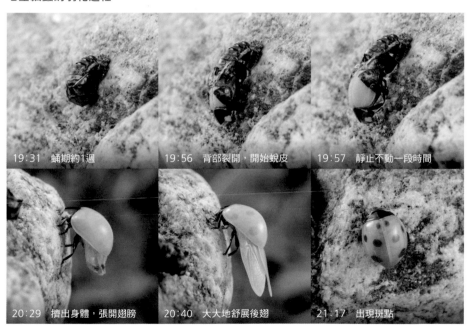

19:31 蛹期約1週

19:56 背部裂開，開始蛻皮

19:57 靜止不動一段時間

20:29 擠出身體，張開翅膀

20:40 大大地舒展後翅

21:17 出現斑點

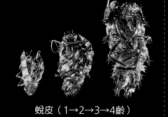

蛻皮（1→2→3→4齡）

尾部有化蛹皮

化蛹皮・蛹殼
約11mm。5月下旬，
採集自飼養個體。

尾部有化蛹皮

化蛹皮・蛹殼
約7mm。4月，
採集自飼養個體。

尾部有化蛹皮

化蛹皮・蛹殼
約7mm。6月下旬，
採集自飼養個體。

異色瓢蟲

大龜紋瓢蟲

馬鈴薯瓢蟲

異色瓢蟲
Harmonia axyridis

瓢蟲科。成蟲5〜8mm，幼蟲約10
mm。北海道〜九州。在各地相當
普遍的瓢蟲。以蚜蟲為食。4齡。
化蛹皮會與蛹殼合為一體。

大龜紋瓢蟲
Aiolocaria hexaspilota

瓢蟲科。成蟲8〜12mm，幼蟲約
14mm。北海道〜九州。體型較大
的瓢蟲。以捕捉核桃樹或柳樹上
的金花蟲類幼蟲為食。初夏至夏
季羽化。化蛹皮會與蛹殼合為一
體。

馬鈴薯瓢蟲
Epilachna vigintioctomaculata=
(Henosepilachna vigintioctomaculata)

瓢蟲科。成蟲7〜8mm，幼蟲約9
mm。北海道〜九州。以馬鈴薯等
茄科植物的葉子為食，屬植食性
的瓢蟲。每年會在葉背化蛹及羽
化1〜2次。化蛹皮會黏在蛹殼
裡。

成蟲　　　　　　　幼蟲

成蟲　　　　　　　幼蟲

成蟲　　　　　　　幼蟲

馬鈴薯瓢蟲的化蛹過程

20:00　於葉背就定位

20:53　背部裂開，開始蛻皮

21:05　蛻至腹部的一半即算結束

隔天5:04　圖紋變黑

馬鈴薯瓢蟲的羽化過程

18:00　蛹期約1週

19:07　彷彿要撐開背部裂縫般擠出身體

19:52　留下腹部末端，在蛹殼中伸展翅膀

隔天18:33　圖紋整個變黑之後脫離蛹殼

蛻皮

尾部有化蛹皮

化蛹皮・蛹殼
約8mm。採集自飼養個體。

腹部末端凹成勺狀的化蛹皮

蛹殼
約9mm。採集自飼養個體。

尾部有個剪刀狀突出物的
化蛹皮

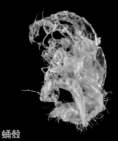

蛹殼
約6mm。採集自飼養個體。

| 瓜黑斑瓢蟲 | 日本迴木蟲 | 赤翅螢（紅翅螢） |

瓜黑斑瓢蟲
Epilachna admirabilis

瓢蟲科。成蟲5～8mm。北海道～
九州。常見於王瓜等植物上的食
葉性瓢蟲。每年出現一次。習慣
在葉背化蛹及羽化。化蛹皮會黏
著在蛹殼裡。

日本迴木蟲
Plesiophthalmus nigrocyaneus

擬步行蟲科。成蟲16～20mm，幼
蟲約33mm。北海道～九州。幼蟲
以朽木為食，亦捕食其他昆蟲。
初夏開始化蛹及羽化。

赤翅螢（紅翅螢）
Pseudopyrochroa vestiflua

赤翅螢科。成蟲12～17mm，幼
蟲約28mm。北海道～琉球群島。
棲息於山地的森林之中。幼蟲會
躲在枯樹的樹皮底下。5月開始
化蛹及羽化。

成蟲　　　　幼蟲

成蟲　　　幼蟲

成蟲　　　　幼蟲

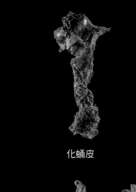

化蛹皮

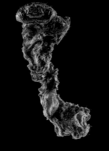

化蛹皮

化蛹皮

蛹殼
約32mm。採集自飼養個體。

蛹殼
約36mm。5月下旬，
採集自飼養個體。

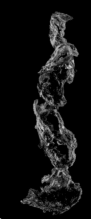

蛹殼
約51mm。5月上旬，
從用枹櫟做成的蛹室中採集。

中華薄翅天牛

栗山天牛

白條天牛

中華薄翅天牛
Megopis sinica

天牛科。成蟲30～55mm，幼蟲約
65mm。北海道～琉球群島。幼蟲
以各種樹木的枯立木及倒下的木
材為食。成蟲活躍於5月～9月。

栗山天牛
Massicus raddei

天牛科。成蟲34～57mm，幼蟲約
52mm。北海道～九州。活躍於溫
帶森林的大型天牛。通常在橡
樹、栲樹等山毛櫸科的立木中出
現蹤影。5月開始羽化。

白條天牛
Batocera lineolata

天牛科。成蟲45～52mm，幼蟲約
80mm。本州～琉球群島。通常在
板栗、枹櫟和橡樹等山毛櫸科樹
木上出現蹤影，並在樹材內建造
蛹室，化蛹、羽化之後以成蟲的
姿態過冬，隔年5月才出來。

成蟲

成蟲

成蟲　　　　　蛹室

黏著化蛹皮

化蛹皮・蛹殼
約10mm。5月中旬，
採集自飼養個體。

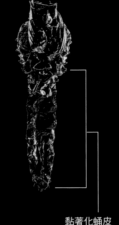

黏著化蛹皮

化蛹皮・蛹殼
約11mm。6月上旬，
採集自核桃楸葉背的存留物。

化蛹皮

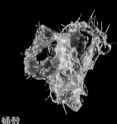

蛹殼
約2mm。5月上旬，
從飼養的幼蟲中採集。

柳二十斑金花蟲	胡桃金花蟲	端刺金花蟲

柳二十斑金花蟲
Chrysomela vigintipunctata

金花蟲科。成蟲7～8mm，幼蟲約11mm。北海道～九州。活躍於柳樹上的黃色金花蟲。成蟲在早春產卵，幼蟲5月開始在葉背化蛹並羽化。化蛹時舊蛻會直接留在尾部。

胡桃金花蟲
Gastrolina depressa

金花蟲科。成蟲7～8mm，幼蟲約9mm。北海道～九州。活躍於核桃楸、體型扁平的金花蟲。初夏至夏季在葉背化蛹及羽化。化蛹皮會與蛹殼合為一體。

端刺金花蟲
Gastrophysa atrocyanea

金花蟲科。成蟲5～6mm，幼蟲8～9mm。北海道～九州。充滿藍色光澤的金花蟲。以羊蹄菜為寄主植物，幼蟲會成群吃葉子。初夏開始羽化。

成蟲　　　　　蛹

成蟲　　　　　蛹

成蟲　　　　　幼蟲

所有的蛻皮都連在一起

蛻皮～蛹殼
約8mm。8月,
採集自飼養個體。

所有的蛻皮都連在一起

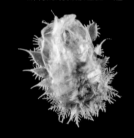

蛻皮～蛹殼
約4mm。6月中旬,
採集自飼養個體。

Y紋龜金花蟲

日本龜金花蟲

Y紋龜金花蟲的蛻皮過程
（第2至第3齡）

13:59　站穩腳步

14:00　從頭胸部及背部開始蛻皮

14:01　擠出身體

14:02　用新的腳抓緊

14:02　蛻下舊的腳

14:31　將蛻皮擠到尾端,
背在背上

Y紋龜金花蟲
Aspidomorpha indica

金花蟲科。成蟲7～8mm,幼蟲6～7mm。北海道～九州。斗笠形的金花蟲。成蟲和幼蟲皆以日本打碗花為食。蛻皮會堆疊在尾端,形成一個所有的蛻都連在一起的蛹殼。每年出現兩次。5齡。

日本龜金花蟲
Cassida japana

金花蟲科。成蟲5～6mm,幼蟲約8mm。北海道、本州、九州。以牛膝葉為寄主植物的龜金花蟲。與前一種金花蟲一樣,蛻下的皮會一直堆疊上去。初夏羽化。

成蟲

蛹體

成蟲

幼蟲

所有的蛻皮和
糞便都黏在上面

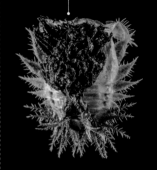

所有的蛻皮和糞便都黏在上面

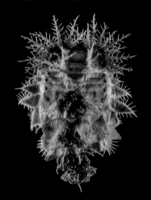

化蛹皮

蛹殼～蛻皮
約8mm。6月中旬，
採集自飼養個體。

蛹殼～蛻皮
約5mm。8月上旬，
採集自飼養個體。

蛹殼
約2mm。3月，
採集自飼養個體。

金斑龜金花蟲　　　　　　二星龜金花蟲　　　　　　蔬菜象鼻蟲

金斑龜金花蟲
Cassida versicolor

金花蟲科。成蟲5～6mm。本州～
琉球群島。以櫻樹、蘋果樹、梨
樹等薔薇科植物的葉子為食。每
蛻一次皮，就會把蛻皮與糞便黏
上去。因此所有的蛻與糞便都會
黏在蛹殼上。

二星龜金花蟲
Thlaspida cribrosa

金花蟲科。成蟲8～9mm，幼蟲
7～8mm。本州～琉球群島。以日
本紫珠等葉片為食。每次蛻皮的
時候，尾端的突出處就會加一個
蛻並黏上糞便。所有的蛻與糞便
都會黏在蛹殼上。5齡。

蔬菜象鼻蟲
Listroderes costirostris

象鼻蟲科。成蟲約8mm，幼蟲約
12mm。本州～九州。原產於巴
西。以十字花科、茄科、繖形科
等蔬菜的葉子為食。

成蟲　　　　　蛹

成蟲　　　　　幼蟲

成蟲　　　　　幼蟲

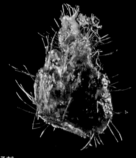

化蛹皮

蛹殼
約3mm。6月，
從羽化後的搖籃中採集。

傑克爾捲葉象鼻蟲

傑克爾捲葉象鼻蟲
Apoderus jekelii
捲葉象鼻蟲科。成蟲8～10mm，
幼蟲6～8mm。北海道～九州。春
季開始在板栗、枹櫟等各種樹上
將嫩葉捲起。幼蟲會在搖籃裡成
長，進而化蛹、羽化。蛹殼會留
在搖籃裡。

成蟲

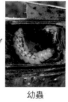

幼蟲

傑克爾捲葉象鼻蟲的羽化及鑽出搖籃過程

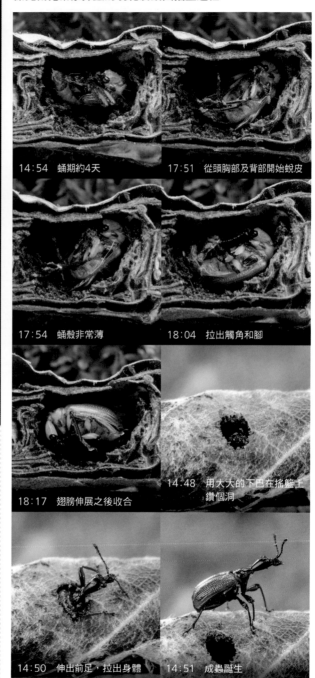

14:54　蛹期約4天

17:51　從頭胸部及背部開始蛻皮

17:54　蛹殼非常薄

18:04　拉出觸角和腳

18:17　翅膀伸展之後收合

14:48　用大大的下巴在搖籃上
鑽個洞

14:50　伸出前足，拉出身體

14:51　成蟲誕生

鞘翅目

蝶類、蛾類的蛻（鱗翅目）

羽化的柑橘鳳蝶

　　院子裡那顆種在盆栽裡的柑橘每年都會有柑橘鳳蝶在上面產卵。某年7月下旬的早上，有隻夏型的雄蝶在樹上羽化之後，便舒展牠美麗的翅膀飛翔。那些熟悉的蝴蝶用來觀察成長及蛻皮過程其實是再適合也不過了。

蝶類與蛾類成長和蛻皮

鱗翅目是由蝴蝶和飛蛾組成的分類群，在日本有 6000 種。

誠如其名，鱗翅目的成蟲會用覆蓋著鱗狀毛髮（鱗片）的翅膀飛翔，並用形如紫萁（蕨類的拳捲幼葉）而且細長的口器吸食花蜜和樹液。

其幼蟲外觀屬毛蟲型（因身上刺毛較長，亦稱為毛毛蟲），大多為植食性。頭部堅硬，咀嚼式口器發達，軀體基本上有 3 對胸足、5 對腹足。終齡齡期數方面，粉蝶科和鳳蝶科原則上為 5 齡，不過物種不同，差異甚大；至於蛾類，大多數的齡期數則是不詳。

鱗翅目昆蟲的發育形式為完全變態。蝶類的蛹有兩種型態，一種是將腹節末端固定好之後，再用絲帶支撐蛹的帶蛹，另外一種是腹節末端固定好之後，呈懸掛姿態的垂蛹。蛾類的話，在土中化蛹的蛹大多為褐色，樹上的蛹有的是綠色，有的覆蓋著一層蠟狀物質，型態相當多樣，而且大多數的蛾在化蛹之前都會吐絲結繭。

鱗翅目昆蟲中，最常見的蛻殼是蝶類的蛹殼，這些大多會殘留在寄主植物上或其周圍一帶。而會吐絲結繭或裹身為巢（蓑巢）的蛾類則是會將化蛹皮及蛹殼留在裡頭。若是體型較大的蛾種，蛻皮有時甚至會掉落在地面上。因此只要自己飼養幼蟲，就能輕而易舉得到各種蛻殼。

紋黃蝶

透目天蠶蛾

黃鳳蝶的幼蟲

舞毒蛾的幼蟲

紋白蝶的蛹

蝦殼天蛾的蛹

擬斑脈蛺蝶的蛹殼

雙黑目天蠶蛾的蛻皮

柑橘鳳蝶的蛻皮過程（第1至第2齡）

19:30 大約一整天處於睡眠狀態	20:21 擠出身體，開始蛻皮	20:21 蛻下頭部的皮
20:21 蛻皮往後推擠	20:22 軀幹部位蛻皮完畢	20:25 丟掉頭殼
21:06 開始食用蛻皮	21:14 蛻皮食用完畢	21:15 2齡幼蟲誕生

139

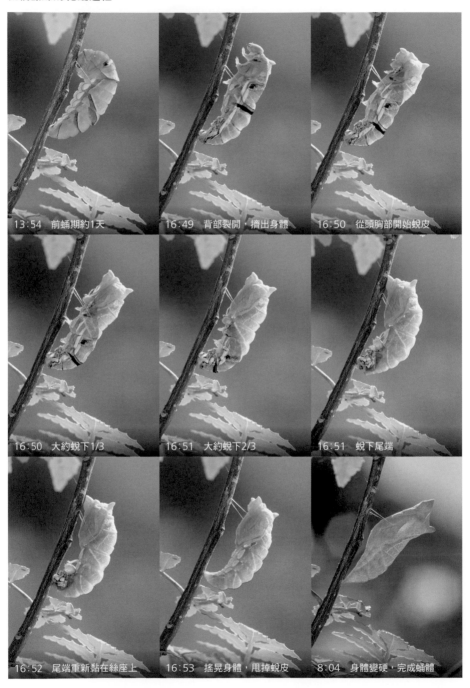

13:54　前蛹期約1天

16:49　背部裂開，擠出身體

16:50　從頭胸部開始蛻皮

16:50　大約蛻下1/3

16:51　大約蛻下2/3

16:51　蛻下尾端

16:52　尾端重新黏在絲座上

16:53　搖晃身體，甩掉蛻皮

8:04　身體變硬，完成蛹體

柑橘鳳蝶的羽化過程

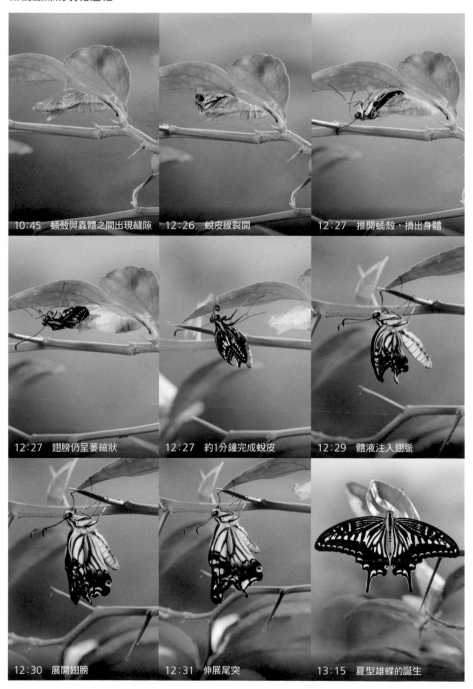

10:45 蛹殼與蟲體之間出現縫隙　12:26 蛻皮線裂開　12:27 推開蛹殼，擠出身體

12:27 翅膀仍呈萎縮狀　12:27 約1分鐘完成蛻皮　12:29 體液注入翅脈

12:30 展開翅膀　12:31 伸展尾突　13:15 夏型雄蝶的誕生

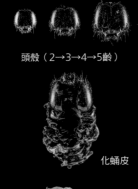

頭殼（2→3→4→5齡）

化蛹皮

化蛹皮

形狀獨特的蛹
在日本別名
「阿菊蟲」

化蛹皮

蛹殼
約24mm。
採集自飼養
個體。

麝鳳蝶

蛹殼
約16mm。5月上旬，
採集自飼養個體。

冰清絹蝶

頭殼

青鳳蝶

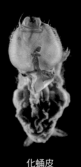

化蛹皮

木蘭青鳳蝶

麝鳳蝶
Byasa alcinous

鳳蝶科。成蟲75〜100mm，幼蟲約40mm。本州〜琉球群島。活躍於平原至山地的草原、農田及河堤旁。寄主植物為馬兜鈴。5齡。

成蟲

幼蟲

冰清絹蝶
Parnassius citrinarius

鳳蝶科。成蟲50〜60mm，幼蟲約40mm。北海道〜四國。棲息於平地到山地之間的落葉林及草地上。寄主植物為刻葉紫堇與東北延胡索。化蛹時會在枯葉等處結繭。5齡。

成蟲

幼蟲

青鳳蝶
Graphium sarpedon

鳳蝶科。成蟲約60mm，幼蟲40〜45mm。本州〜琉球群島。寄主植物為樟樹與紅楠。5齡。

成蟲

木蘭青鳳蝶
Graphium doson

鳳蝶科。成蟲55〜90mm，幼蟲約45mm。本州〜琉球群島。寄主植物為烏心石及洋玉蘭。5齡。

成蟲

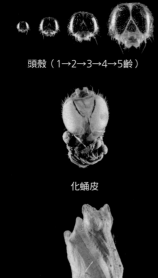

頭殼（1→2→3→4→5齡）

化蛹皮

蛹殼
約35mm。
6月，
採集自羽化
個體。

柑橘鳳蝶

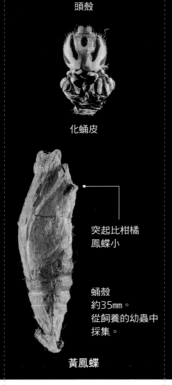

頭殼

化蛹皮

突起比柑橘
鳳蝶小

蛹殼
約35mm。
從飼養的幼蟲中
採集。

黃鳳蝶

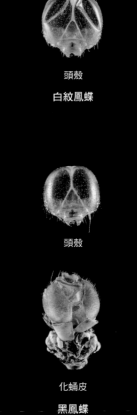

頭殼

白紋鳳蝶

頭殼

化蛹皮

黑鳳蝶

柑橘鳳蝶
Papilio xuthus

鳳蝶科。成蟲68～96mm，幼蟲約55mm。北海道～琉球群島。活躍於平地至低山地之間的樹林邊緣、農地及庭院中。寄主植物為山椒及各種柑橘類。化蛹及羽化是在植物上進行。5齡。

成蟲

幼蟲

黃鳳蝶
Papilio machaon

鳳蝶科。成蟲70～90mm，幼蟲約50mm。北海道～九州。活躍於平地至山地之間的草原及農地上。寄主植物為芹菜、珊瑚菜（濱防風）、胡蘿蔔及荷蘭芹。化蛹及羽化是在植物上進行。5齡。

成蟲

幼蟲

白紋鳳蝶
Papilio helenus

鳳蝶科。成蟲約110mm，幼蟲約60mm。本州～琉球群島。寄主植物為食茱萸、賊仔樹及柑橘類。5齡。

成蟲

黑鳳蝶
Papilio protenor

鳳蝶科。成蟲80～120mm，幼蟲約55mm。本州～琉球群島。寄主植物為食茱萸、柑橘類及枸橘。5齡。

成蟲

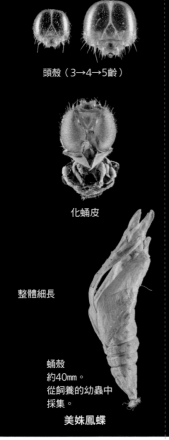
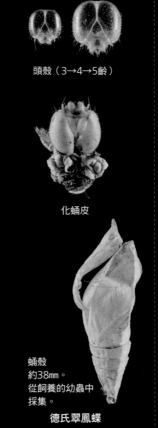
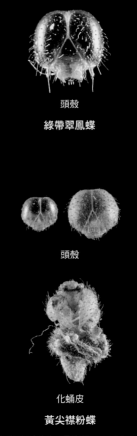

頭殼（3→4→5齡）

頭殼（3→4→5齡）

頭殼

綠帶翠鳳蝶

化蛹皮

化蛹皮

頭殼

整體細長

蛹殼
約40mm。
從飼養的幼蟲中
採集。

蛹殼
約38mm。
從飼養的幼蟲中
採集。

化蛹皮

美姝鳳蝶

德氏翠鳳蝶

黃尖襟粉蝶

美姝鳳蝶
Papilio macilentus

鳳蝶科。成蟲85～100mm，幼蟲約45mm。北海道～九州。活躍於丘陵到山澗之間的雜樹林邊緣地帶。寄主植物為臭常山與山椒。化蛹及羽化是在植物上進行。5齡。

德氏翠鳳蝶
Papilio dehaanii

鳳蝶科。成蟲80～120mm，幼蟲約50mm。北海道～九州。活躍於平地至山地之間的森林及綠地公園內。寄主植物為臭常山、食茱萸、關黃柏及柑橘類。化蛹及羽化是在植物上進行。5齡。

綠帶翠鳳蝶
Papilio maackii

鳳蝶科。成蟲80～130mm，幼蟲約50mm。北海道～九州。寄主植物為關黃柏、食茱萸及賊仔樹。5齡。

成蟲

黃尖襟粉蝶
Anthocharis scolymus

粉蝶科。成蟲45～50mm，幼蟲約26mm。北海道～九州。寄主植物為蘿菜（碎米薺）以及印度蘿菜（山芥菜）。5齡。

成蟲

成蟲　　　　幼蟲

成蟲　　　　幼蟲

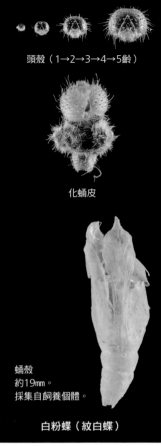

頭殼（1→2→3→4→5齡）

化蛹皮

蛹殼
約19mm。
採集自飼養個體。

白粉蝶（紋白蝶）

頭殼（4→5齡）

化蛹皮

蛹殼
約21mm。9月中旬，
採集自飼養個體。

北黃蝶

頭殼（4→5齡）

化蛹皮

蛹殼
約20mm。
採集自飼養個體。

斑緣點粉蝶（紋黃蝶）

白粉蝶（紋白蝶）
Pieris rapae

粉蝶科。成蟲40～50mm，幼蟲約28mm。北海道～琉球群島。主要活躍於平地至山地之間的農地。寄主植物為高麗菜等栽培種蔬菜和印度辣菜（山芥菜）。化蛹及羽化是在植物或建築物上進行。5齡。

成蟲

幼蟲

北黃蝶
Eurema mandarina

粉蝶科。成蟲約40mm，幼蟲約30mm。本州～琉球群島。棲息於平地至山地之間的樹林附近。寄主植物為尖葉鐵掃帚等胡枝子類植物及合歡樹。5齡。

成蟲

幼蟲

斑緣點粉蝶（紋黃蝶）
Colias erate

粉蝶科。成蟲40～50mm，幼蟲30～33mm。北海道～琉球群島。棲息於平地至山地之間的草地、農地及草原上。寄主植物為白三葉草及馬棘。5齡。

成蟲

幼蟲

145

尾部有筒狀的突出物

化蛹皮

化蛹皮

圓頂形

蛹殼
約10mm。9月下旬，
採集自飼養個體。

蛹殼
約10mm。6月下旬，
採集自飼養個體。

蛹殼
約9mm。
採集自飼養個體。

銀斑小灰蝶（銀灰蝶）　　墨點灰蝶（長尾小灰蝶）　　黑帶華灰蝶

銀斑小灰蝶（銀灰蝶）
Curetis acuta

灰蝶科。成蟲38～40mm，幼蟲約
20mm。本州～琉球群島。活躍於
平地至低山地之間的樹林、河堤
旁、草地及公園內。寄主植物為
野葛與多花紫藤。4齡。

墨點灰蝶（長尾小灰蝶）
Araragi enthea

灰蝶科。成蟲30～35mm，幼蟲約
18mm。北海道～九州。在寒冷地
區棲息於平地至山地之間，在溫
暖地區則是棲息於山地之間的河
川沿岸。寄主植物為核桃楸。成
蟲活躍於夏季。4齡。

黑帶華灰蝶
Wagimo signatus

灰蝶科。成蟲30～35mm，幼蟲約
17mm。北海道～九州。棲息於低
山地至山地之間的落葉性闊葉林
中。寄主植物有枹櫟、麻櫟、水
楢及櫸樹。成蟲活躍於初夏至夏
季這段期間。4齡。

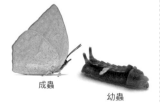

成蟲

幼蟲

成蟲

幼蟲

成蟲

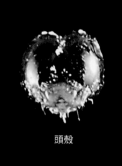

頭殼

化蛹皮

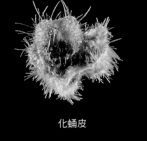

化蛹皮

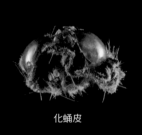

化蛹皮

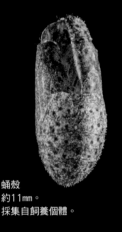

蛹殼
約11mm。
採集自飼養個體。

蛹殼
約10mm。
採集自飼養個體。

寬帶燕灰蝶　　　　　　紅灰蝶　　　　　　藍灰蝶

寬帶燕灰蝶
Rapala arata

灰蝶科。成蟲32～36mm，幼蟲約17mm。北海道～九州。棲息於平地至山地之間的樹林中。寄主植物為多花紫藤、野葛、胡枝子類及齒葉溲疏。成蟲活躍於春夏兩季。4齡。

紅灰蝶
Lycaena phlaeas

灰蝶科。成蟲27～35mm，幼蟲約15mm。北海道～九州。棲息於平地至山地之間的草地、農地及河堤旁。寄主植物為酸模及羊蹄菜。成蟲在春季至秋季這段期間會多次發生。4齡。

藍灰蝶
Zizeeria maha

灰蝶科。成蟲20～29mm，幼蟲約12mm。本州～琉球群島。棲息於平地至低山地之間的住家附近及荒地之中。寄主植物為酢漿草。成蟲在春季至秋季這段期間會多次發生。4齡。

成蟲

幼蟲

成蟲

幼蟲

成蟲

幼蟲

頭殼

化蛹皮

東方喙蝶（長鬚蝶）

頭殼（4→5齡）

化蛹皮

蛹殼
約21mm。
採集自飼養
個體。

姬紅蛺蝶

頭殼（4→5齡）

化蛹皮

羽化蛻
約26mm。
採集自飼養個體。

大紅蛺蝶

東方喙蝶（長鬚蝶）
Libythea lepita

蛺蝶科。成蟲40～50mm，幼蟲約
25mm。北海道～琉球群島。棲息
於平地至山地之間的樹林中。寄
主植物有朴樹、狹葉朴及榆樹。
初夏羽化。5齡。

姬紅蛺蝶
Vanessa cardui

蛺蝶科。成蟲40～50mm，幼蟲約
40mm。北海道～琉球群島。棲息
於平地至山地之間的草地、農地
及河堤旁。寄主植物為魁蒿、鼠
麴草及苧麻。成蟲在春季至秋季
這段期間會多次發生。5齡。

大紅蛺蝶
Vanessa indica

蛺蝶科。成蟲約60mm，幼蟲約40
mm。北海道～琉球群島。棲息於
平地至山地之間的雜樹林邊緣地
帶及草地。寄主植物為苧麻、咬
人貓及春榆。成蟲在春季至秋季
這段期間會發生2～4次。5齡。

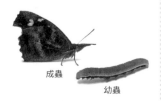

成蟲

幼蟲

成蟲

幼蟲

成蟲

幼蟲

頭殼（4→5齡）

頭殼（4→5齡）

化蛹皮

化蛹皮

蛹殼
約21mm。
6月上旬，
採集自飼養個體。

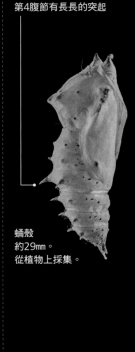

第4腹節有長長的突起

蛹殼
約29mm。
從植物上採集。

黃鉤蛺蝶　　　　　　突尾鉤蛺蝶(白鐮紋蛺蝶)　　　　緋蛺蝶

黃鉤蛺蝶
Polygonia c-aureum

蛺蝶科。成蟲50～60mm，幼蟲約32mm。北海道～九州。棲息於平地至低山地之間的草地及河堤旁。寄主植物為葎草、蛇麻（啤酒花）及大麻。成蟲在春季至秋季這段期間會發生1～3次。5齡。

成蟲

幼蟲

突尾鉤蛺蝶 （白鐮紋蛺蝶）
Polygonia c-album

蛺蝶科。成蟲45～55mm，幼蟲約33mm。北海道～九州。在寒冷地區棲息於平地至山地之間，在溫暖地區則是棲息於低山地至山地之間的樹林之中。寄主植物有朴樹、春榆及蛇麻（啤酒花）。成蟲在春季至秋季這段期間會發生1～3次。5齡。

成蟲

幼蟲

緋蛺蝶
Nymphalis xanthomelas

蛺蝶科。成蟲60～70mm，幼蟲約45mm。北海道～九州。棲息於丘陵至山地之間的落葉性闊葉林中。寄主植物有朴樹、春榆及柳樹類。成蟲活躍於夏季。5齡。

剛羽化的成蟲

蛻皮（4→5齡）

化蛹皮

琉璃蛺蝶

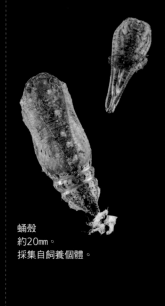

蛹殼
約20mm。
採集自飼養個體。

青眼蛺蝶

蛻皮（4→5齡）

前胸的突起較長

化蛹皮

蛹殼
約25mm。
6月上旬，
採集自飼養個體。

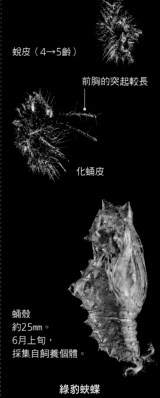

綠豹蛺蝶

琉璃蛺蝶
Kaniska canace

蛺蝶科。成蟲50～65mm，幼蟲約
43mm。北海道～琉球群島。棲息
於平地至山地之間的森林附近。
寄主植物為菝葜、油點草及山百
合。成蟲在春季至秋季這段期間
會發生1～3次。5齡。

青眼蛺蝶
Junonia orithya

蛺蝶科。成蟲40～50mm，幼蟲約
37mm。琉球群島。活躍於日照充
足的草地、荒地及農地上。寄主
植物為爵床、過江藤及金魚草。
成蟲全年可見。5～6齡。

綠豹蛺蝶
Argynnis paphia

蛺蝶科。成蟲65～80mm，幼蟲42
～45mm。北海道～九州。棲息於
平地至山地之間的森林附近。寄
主植物為紫花地丁等堇菜類植
物。成蟲活躍於初夏至秋季這段
期間。5齡。

成蟲

幼蟲

成蟲

幼蟲

成蟲

幼蟲

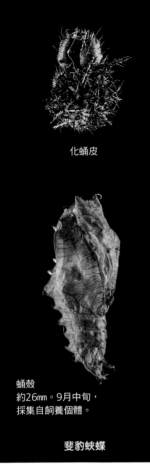

化蛹皮

頭殼（3→4→5齡）

長且彎曲的突出物

化蛹皮

化蛹皮

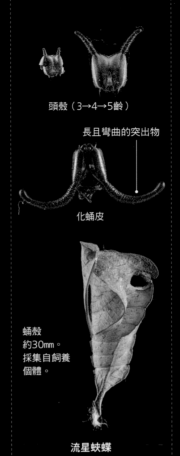

蛹殼
約30mm。
採集自飼養
個體。

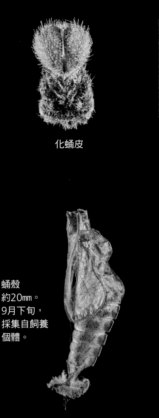

蛹殼
約20mm。
9月下旬，
採集自飼養
個體。

蛹殼
約26mm。9月中旬，
採集自飼養個體。

斐豹蛺蝶　　　　　**流星蛺蝶**　　　　　**小環蛺蝶 (小三線蝶)**

斐豹蛺蝶
Argyreus hyperbius

蛺蝶科。成蟲60～70mm，幼蟲40～45mm。本州～琉球群島。棲息於日照充足的草地上，在栽種三色堇的都市中亦相當常見。寄主植物為野生及栽培的堇菜類植物。成蟲在春季至秋季這段期間會多次發生。5～6齡。

流星蛺蝶
Dichorragia nesimachus

蛺蝶科。成蟲55～65mm，幼蟲約55mm。本州～琉球群島。棲息於平地至山地之間的闊葉林中。寄主植物為清風藤及薄葉泡花樹。成蟲會在初夏及夏季這段期間出現。5齡。

小環蛺蝶（小三線蝶）
Neptis sappho

蛺蝶科。成蟲45～55mm，幼蟲約24mm。北海道～九州。棲息於平地至山地之間的樹林附近。寄主植物為野葛、多花紫藤及刺槐（洋槐）等豆科植物。成蟲在春季至秋季這段期間會發生1～3次。5齡。

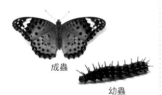

成蟲　　幼蟲

成蟲　　幼蟲

成蟲　　羽化

151

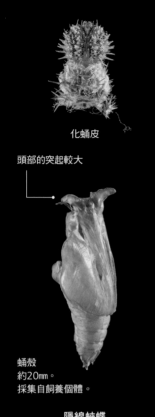

化蛹皮

頭部的突起較大

蛹殼
約20mm。
採集自飼養個體。

隱線蛺蝶

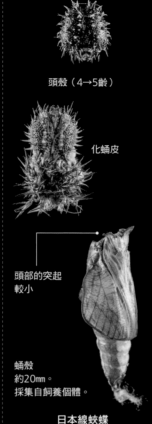

頭殼（4→5齡）

化蛹皮

頭部的突起
較小

蛹殼
約20mm。
採集自飼養個體。

日本線蛺蝶

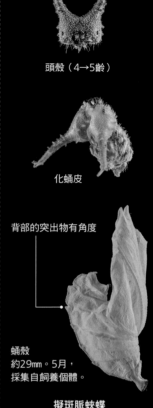

頭殼（4→5齡）

化蛹皮

背部的突出物有角度

蛹殼
約29mm。5月，
採集自飼養個體。

擬斑脈蛺蝶

隱線蛺蝶
Limenitis camilla

蛺蝶科。成蟲45～55mm，幼蟲約
25mm。北海道～九州。棲息於平
地至山地之間的樹林邊緣地帶。
寄主植物有忍冬、金銀木及錦帶
花。成蟲在夏季至秋季這段期間
會發生1～4次。5齡。

日本線蛺蝶
Limenitis glorifica

蛺蝶科。成蟲45～55mm，幼蟲約
27mm。本州。棲息於平地至低山
地之間日照充足的樹林及河堤
旁。寄主植物為忍冬及錦帶花。
成蟲在初夏至秋季這段期間會發
生1～3次。5齡。

擬斑脈蛺蝶
Hestina persimilis

蛺蝶科。成蟲60～85mm，幼蟲約
39mm。北海道～九州。棲息於平
地至低山地之間的樹林中。寄主
植物有朴樹、狹葉朴及榆樹。成
蟲在初夏至秋季這段期間會發生
1～3次。5～6齡。

成蟲
幼蟲

成蟲
幼蟲

成蟲
幼蟲

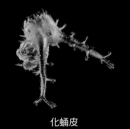

化蛹皮

背部的突起較大

蛹殼
約29mm。9月上旬，
採集自飼養個體。

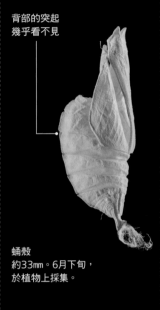

背部的突起
幾乎看不見

蛹殼
約33mm。6月下旬，
於植物上採集。

頭殼（1→2→3→4→5→6齡）

化蛹皮

蛹殼
約31mm。8月中旬，
從植物上採集。

紅斑脈蛺蝶（紅星斑蛺蝶）　　細帶閃蛺蝶　　大紫蛺蝶

紅斑脈蛺蝶（紅星斑蛺蝶）
Hestina assimilis

蛺蝶科。成蟲75～85mm，幼蟲約40mm。本州、南西群島。棲息於平地至低山地之間的樹林中。寄主植物有朴樹及榆樹。成蟲在初夏至秋季這段期間大約會發生3次。日本本州的是外來種。5齡。

細帶閃蛺蝶
Apatura metis

蛺蝶科。成蟲55～70mm，幼蟲約38mm。北海道～九州。棲息於丘陵至山地之間的濱岸林中。寄主植物為各種柳樹。成蟲會發生3～4次。5齡。

大紫蛺蝶
Sasakia charonda

蛺蝶科。成蟲75～100mm，幼蟲約57mm。北海道～九州。棲息於丘陵至低山地之間的落葉性闊葉林中。寄主植物有朴樹及榆樹。成蟲會在夏季出現。5～6齡。

成蟲　　幼蟲

成蟲　　幼蟲

成蟲　　幼蟲

大紫蛺蝶的化蛹過程

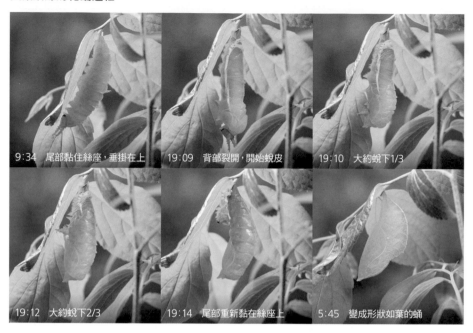

9:34　尾部黏住絲座，垂掛在上

19:09　背部裂開，開始蛻皮

19:10　大約蛻下1/3

19:12　大約蛻下2/3

19:14　尾部重新黏在絲座上

5:45　變成形狀如葉的蛹

大紫蛺蝶的羽化過程

8:06　蛹期約2週

20:47　蛹殼沿著蛻皮線裂開

20:48　用力推殼，擠出身體

20:48　短時間內拉出身體

20:48　體液注入翅脈

21:26　張開翅膀

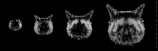

頭殼（1→2→3→4→5齡）

頭殼（4→5齡）

頭殼（4→5齡）

化蛹皮

化蛹皮

化蛹皮

毛茸茸的突起

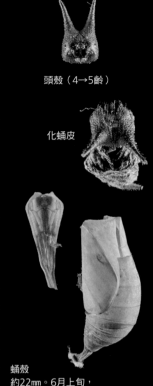

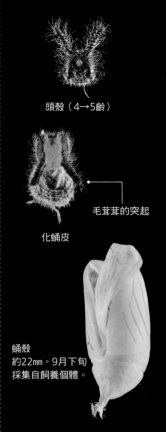

蛹殼
約15mm。
採集自飼養個體。

蛹殼
約22mm。6月上旬，
採集自飼養個體。

蛹殼
約22mm。9月下旬
採集自飼養個體。

稻眉眼蝶

寧眼蝶

森林暮眼蝶

稻眉眼蝶
Mycalesis gotama

蛺蝶科。成蟲40～50mm，幼蟲約34mm。北海道～九州。棲息於平地至低山地之間的草地及樹林附近。寄主植物為芒草及白茅。成蟲在初夏至秋季這段期間會發生2～4次。5齡。

寧眼蝶
Ninguta schrenckii

蛺蝶科。成蟲65～75mm，幼蟲60～70mm。北海道～本州。棲息於平地至山地之間的濕地及濕潤的草地上。寄主植物為皺果薹草及褐柄薹。成蟲會在夏季山現。5齡。

森林暮眼蝶
Melanitis phedima

蛺蝶科。成蟲60～80mm，幼蟲約50mm。本州～琉球群島。棲息於平地至丘陵之間的樹林中。寄主植物為芒草、薏苡及蘆葦。成蟲會發生2～3次。5齡。

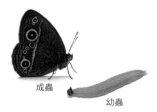

成蟲

幼蟲

成蟲

幼蟲

成蟲

幼蟲

頭殼

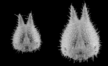

頭殼（3→4→5齡）

頭殼（1→2→3→4→5→6齡）

化蛹皮

化蛹皮

化蛹皮

蛹殼
約16mm。
採集自飼養
個體。

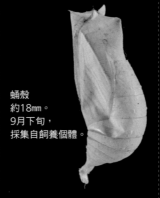

蛹殼
約18mm。
9月下旬，
採集自飼養個體。

蛹殼
約16mm。
採集自飼養
個體。

月神黛眼蝶

劍黛眼蝶

姬黃斑黛眼蝶

月神黛眼蝶
Lethe diana

蛺蝶科。成蟲45～55mm，幼蟲約35mm。北海道～九州。棲息於平地至山地之間的樹林中。寄主植物為川竹及青苦竹等赤竹類。成蟲在初夏至秋季這段期間會發生1～4次。4～5齡。

劍黛眼蝶
Lethe sicelis

蛺蝶科。成蟲50～60mm，幼蟲約37mm。本州～九州。棲息於平地至山地之間的樹林附近。寄主植物為籬竹及赤竹類。成蟲在初夏至秋季這段期間會發生1～3次。5齡。

姬黃斑黛眼蝶
Zophoessa callipteris

蛺蝶科。成蟲50～60mm，幼蟲約34mm。北海道～九州。在寒冷地區棲息於平地至山地之間，在溫暖地區則是棲息於山地及山地林間。寄主植物為赤竹類。成蟲會在夏季出現。6～7齡。

成蟲
幼蟲

成蟲
幼蟲

成蟲
幼蟲

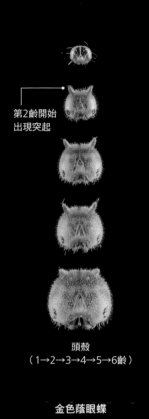

第2齡開始
出現突起

頭殼
（1→2→3→4→5→6齡）

金色蔭眼蝶

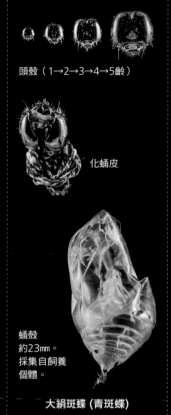

頭殼（1→2→3→4→5齡）

化蛹皮

蛹殼
約23mm。
採集自飼養
個體。

大絹斑蝶（青斑蝶）

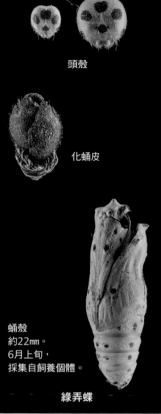

頭殼

化蛹皮

蛹殼
約22mm。
6月上旬，
採集自飼養個體。

綠弄蝶

金色蔭眼蝶
Neope niphonica

蛺蝶科。成蟲50～65mm，幼蟲約
41mm。北海道～九州。在寒冷地
區棲息於平地至山地之間，在溫
暖地區則是棲息於山地之間的樹
林中。寄主植物為信濃竹等赤竹
類。成蟲在初夏至夏季這段期間
會發生1～3次。5～6齡。

成蟲　　　　幼蟲

大絹斑蝶（青斑蝶）
Parantica sita

蛺蝶科。成蟲約100mm，幼蟲約
37～41mm。北海道～琉球群
島。成蟲可長距離移動，夏季活
躍於山地之間。寄主植物為假防
己及牛皮消。成蟲會發生2～4
次。5齡。

成蟲
幼蟲

綠弄蝶
Choaspes benjaminii

蛺蝶科。成蟲43～49mm，幼蟲約
48mm。本州～琉球群島。棲息於
平地至山地之間的樹林中。寄主
植物為清風藤及薄葉泡花樹。成
蟲從初夏開始發生1～3次。5～6
齡。

成蟲
幼蟲

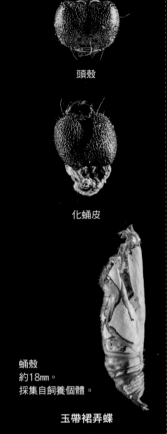

頭殼

化蛹皮

蛹殼
約18mm。
採集自飼養個體。

玉帶裙弄蝶

覆蓋著一層
蠟質

化蛹皮

口器相當長

蛹殼
約26mm。
採集自飼養個體。

蕉弄蝶

頭殼（4→5齡）

化蛹皮

蛹殼
約25mm。
採集自飼養個體。

褐弄蝶

玉帶裙弄蝶（玉帶弄蝶）
Tagiades tethys

蛺蝶科。成蟲33～36mm，幼蟲約
48mm。北海道～九州。棲息於平
地至山地之間的樹林附近。寄主
植物為日本薯蕷與山萆薢。成蟲
在春季至秋季這段期間會發生
2～3次。5～7齡。

成蟲

幼蟲

蕉弄蝶
Erionota torus

蛺蝶科。成蟲63～72mm，幼蟲約
50mm。琉球群島。1971年引進日
本的外來種。棲息於平地至低山
地之間的田野及住家附近。寄主
植物為巴氏蕉及尖蕉。成蟲全年
通常會發生數次。5齡。

成蟲

幼蟲

褐弄蝶
Pelopidas mathias

蛺蝶科。成蟲34～37mm，幼蟲
30～35mm。本州～琉球群島。活
躍於農地及草地上。寄主植物為
白茅、芒草及蘆葦。成蟲在春季
至秋季這段期間會發生3～4次。
5齡。

成蟲

幼蟲

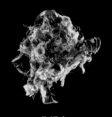

化蛹皮

化蛹皮

以稍微
露出的狀態
殘留在簑巢上

蛹殼（雄）
約15mm。6月，
採集自飼養個體。

蛹殼
約12mm。
從植物上的空繭內採集。

蛹殼
約10mm。
採集自飼養個體。

微型大簑蛾（茶避債蛾）　　　　黃刺蛾　　　　淡色鉤蛾

微型大簑蛾（茶避債蛾）
Eumeta minuscula

簑蛾科。成蟲24～29mm，幼蟲
17～23mm。本州～琉球群島。棲
息於平地至低山地之間。寄主植
物為各種闊葉林及針葉林。成蟲
會在初夏全夏季這段期間出現。
雌蛾會在簑巢中羽化、交配及產
卵。

黃刺蛾
Monema flavescens

刺蛾科。成蟲26～33mm，幼蟲約
25mm。北海道～琉球群島。寄主
植物為柿樹、梅樹與麻櫟。成蟲
會在夏季出現。化蛹皮及蛹殼會
留在繭內。

淡色鉤蛾
Callidrepana palleola

鉤蛾科。成蟲25～33mm，幼蟲
約20mm。北海道～九州。寄主植
物為毛漆樹及台灣藤漆。成蟲在
春季至秋季這段期間會多次發
生。

雄蛾　　　簑巢與蛹殼（雄）

羽化

成蟲

幼蟲

159

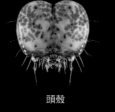

頭殼

覆蓋著一層白蠟物質

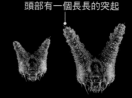

頭部有一個長長的突起

頭殼

松村氏淺翅鳳蛾

蛹殼
約17mm。
採集自飼養個體。

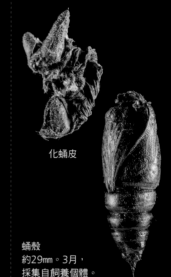

化蛹皮

蛹殼
約29mm。3月，
採集自飼養個體。

化蛹皮

大斑波紋蛾

腎斑尺蛾

白頂突峰尺蛾

大斑波紋蛾
Thyatira batis

鉤蛾科。成蟲31〜38mm，幼蟲約35mm。北海道〜琉球群島。寄主植物為懸鉤子（楓葉莓）及日本樹莓等樹莓類。成蟲在春季至秋季這段期間會發生2〜3次。

成蟲

松村氏淺翅鳳蛾
Epicopeia hainesii

鳳蛾科。成蟲30〜37mm，幼蟲約35mm。北海道〜九州。寄主植物為燈台樹及四照花。

成蟲

腎斑尺蛾
Ascotis selenaria

尺蛾科。成蟲35〜56mm，幼蟲55〜60mm。北海道〜琉球群島。屬多食性，寄主植物包括草本植物及闊葉林。

成蟲

白頂突峰尺蛾
Biston robustum

尺蛾科。成蟲40〜75mm，幼蟲70〜90mm。北海道〜琉球群島。大型尺蛾。屬多食性，寄主植物為枹櫟、朴樹及櫻樹類。成蟲會在春季發生一次。

成蟲

幼蟲

頭殼

化蛹皮

蛹殼
約16mm。
5月中旬，
採集自飼養個體。

蛹殼
約24mm。
採集自飼養
個體。

蛻皮

鉤線青尺蛾

竹斑枯葉蛾

赤松毛蟲

鉤線青尺蛾
Geometra dieckmanni

尺蛾科。成蟲30～45mm，幼蟲20～25mm。北海道～九州。幼蟲是一種會偽裝成新芽的尺蠖。寄主植物為枹櫟、板栗及麻櫟。成蟲在春季至夏季這段期間會發生1～2次。

竹斑枯葉蛾
Euthrix albomaculata

枯葉蛾科。成蟲42～52mm，幼蟲約60mm。北海道～九州。寄主植物為赤竹類、芒草及蘆葦。成蟲在春季至夏季這段期間會發生2次。化蛹時會結繭，並將化蛹皮和蛹殼留在繭內。

赤松毛蟲
Dendrolimus spectabilis

枯葉蛾科。成蟲50～80mm，幼蟲約70mm。北海道～九州。寄主植物為赤松及黑松等松樹類植物。成蟲會在初夏出現。幼蟲會留下頭部和軀幹相連的蛻皮。

成蟲

成蟲　　　　幼蟲

成蟲

幼蟲

161

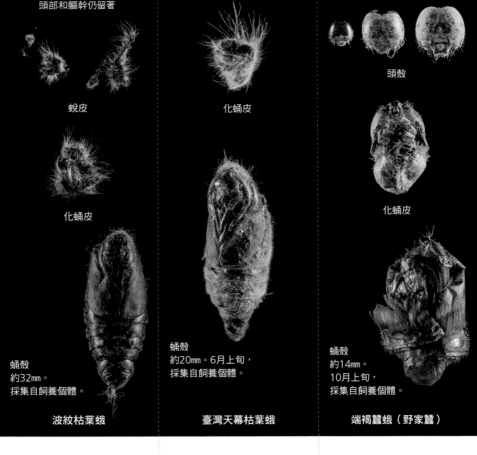

頭部和軀幹仍留著

蛻皮

化蛹皮

頭殼

化蛹皮

化蛹皮

化蛹皮

蛹殼
約32mm。
採集自飼養個體。

蛹殼
約20mm。6月上旬，
採集自飼養個體。

蛹殼
約14mm。
10月上旬，
採集自飼養個體。

波紋枯葉蛾

臺灣天幕枯葉蛾

端褐蠶蛾（野家蠶）

波紋枯葉蛾
Kunugia undans

枯葉蛾科。成蟲62～90mm，幼蟲85～100mm。北海道～九州。通常活躍於平地至山地之間。寄主植物為麻櫟、鵝耳櫪及蘋果樹。成蟲會在秋季出現。蛹殼及化蛹皮會留在繭內。

成蟲

幼蟲

臺灣天幕枯葉蛾
Malacosoma neustrium
=(Malacosoma neustria)

枯葉蛾科。成蟲29～38mm，幼蟲約60mm。北海道～九州。屬多食性，寄主植物為櫻樹、野薔薇及柳樹類。初齡幼蟲會聚集，相當醒目。成蟲會在初夏出現。化蛹皮及蛹殼會留在繭內。

成蟲

幼蟲

端褐蠶蛾（野家蠶）
Bombyx mandarina

蠶蛾科。成蟲33～44mm，幼蟲約35mm。北海道～琉球群島。為家蠶的野生種。寄主植物為小葉桑及桑樹。成蟲在初夏至秋季這段期間會發生2～3次。化蛹皮及蛹殼會留在繭內。

成蟲

幼蟲

化蛹皮

頭殼

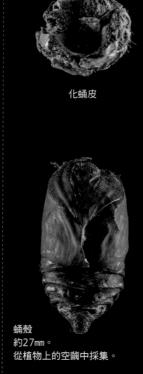

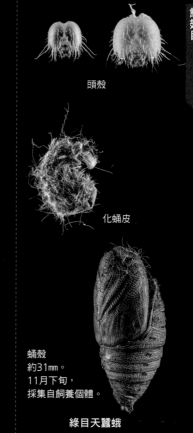

化蛹皮

尾角相當長

蛻皮

蛹殼
約27mm。
從植物上的空繭中採集。

蛹殼
約31mm。
11月下旬，
採集自飼養個體。

單齒翅蠶蛾

眉紋天蠶蛾

綠目天蠶蛾

單齒翅蠶蛾
Oberthueria falcigera

樺蛾科。成蟲40～42mm，幼蟲約40mm。北海道～九州。寄主植物為各種楓樹類。幼蟲擁有長長的尾角[9]。成蟲在春季至夏季這段期間會發生2次。

眉紋天蠶蛾
Samia cynthia

天蠶蛾科。成蟲130～135mm，幼蟲約50mm。北海道～琉球群島。屬多食性，寄主植物為臭椿、苦木及關黃柏。成蟲在春季至夏季這段期間會發生1～2次。化蛹時會在植物上結一個細長的繭，並將化蛹皮和蛹殼留在繭內。

綠目天蠶蛾
Saturnia jonasii

天蠶蛾科。成蟲90～100mm，幼蟲約60mm。北海道～九州。屬多食性，寄主植物為櫻樹類、麻櫟、燈台樹及楓樹類。成蟲會在秋季出現。化蛹皮及蛹殼會留在繭內。

成蟲

幼蟲

成蟲

幼蟲

成蟲

幼蟲

9 尾角：腹節末端背面的尾狀突出物。長度和形狀因蛾種而異。

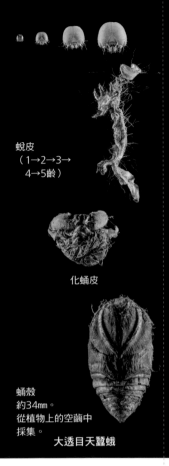

蛻皮
（1→2→3→
4→5齡）

化蛹皮

蛹殼
約34mm。
從植物上的空繭中
採集。

大透目天蠶蛾

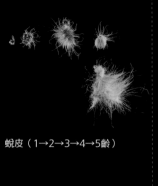
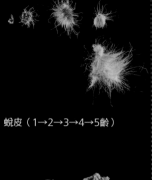

蛻皮（1→2→3→4→5齡）

化蛹皮

蛹殼
約43mm。
採集自飼養個體。

雙黑目天蠶蛾

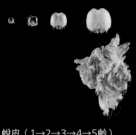

蛻皮（1→2→3→4→5齡）

化蛹皮

蛹殼
約26mm。
採集自飼養個體。

透目天蠶蛾

大透目天蠶蛾
Antheraea yamamai

天蠶蛾科。成蟲135～140mm，
幼蟲55～70mm。北海道～琉球
群島。寄主植物為麻櫟、枹櫟及
櫻樹。成蟲會在夏季至初秋這段
期間出現。化蛹時會編織一個大
大的繭，呈黃綠色。5齡。

成蟲

幼蟲　　繭
　　　（剖面）

雙黑目天蠶蛾
Saturnia japonica

天蠶蛾科。成蟲120～125mm，
幼蟲約100mm。北海道～琉球群
島。屬多食性，寄主植物為板
栗、核桃楸及鹽膚木。成蟲會在
夏季至秋季這段期間出現。化蛹
時會編織出一個網狀繭。

成蟲

幼蟲

透目天蠶蛾
Rhodinia fugax

天蠶蛾科。成蟲85～100mm，幼
蟲約60mm。北海道～九州。屬多
食性，寄主植物為枹櫟、麻櫟及
櫻樹類。成蟲會在秋季出現。別
名半目大蠶蛾或山蠶蛾，繭室造
型相當獨特。

成蟲

幼蟲　　繭
　　　（剖面）

大透目天蠶蛾的蛻皮過程（4齡至5齡）

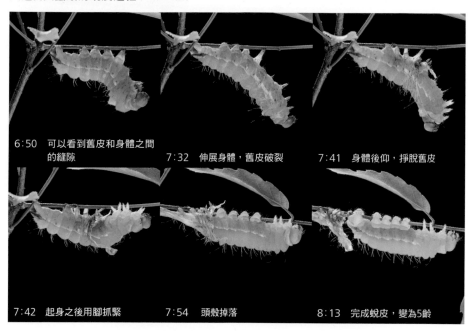

6:50 可以看到舊皮和身體之間的縫隙

7:32 伸展身體，舊皮破裂

7:41 身體後仰，掙脫舊皮

7:42 起身之後用腳抓緊

7:54 頭殼掉落

8:13 完成蛻皮，變為5齡

雙黑目天蠶蛾的蛻皮過程（第3齡至第4齡）

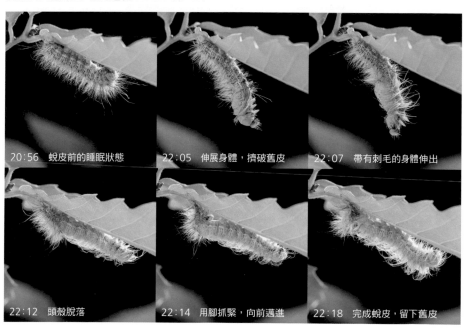

20:56 蛻皮前的睡眠狀態

22:05 伸展身體，擠破舊皮

22:07 帶有刺毛的身體伸出

22:12 頭殼脫落

22:14 用腳抓緊，向前邁進

22:18 完成蛻皮，留下舊皮

頭殼

日本黃豹天蠶蛾

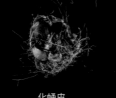

化蛹皮

蛹殼
約34mm。
採集自飼養個體。

大長尾水青蛾

頭殼

長尾水青蛾

化蛹皮

細斜紋天蛾（霜降天蛾）

日本黃豹天蠶蛾
Loepa sakaei

天蠶蛾科。成蟲80～83mm，幼蟲約60mm。琉球群島。寄主植物為腺齒獼猴桃（山梨獼猴桃）。成蟲會在春季至秋季這段期間出現。

成蟲

幼蟲

大長尾水青蛾
Actias aliena

天蠶蛾科。成蟲80～120mm，幼蟲70～80mm。北海道～九州。屬多食性，寄主植物為櫻樹類、楓樹類及板栗。成蟲在春季至夏季這段期間會發生1～2次。化蛹皮及蛹殼會留在繭內。

成蟲

幼蟲

長尾水青蛾
Actias gnoma

天蠶蛾科。成蟲80～100mm，幼蟲約80mm。北海道～九州。寄主植物為日本檜木（赤楊）及檜木。

成蟲

細斜紋天蛾（霜降天蛾）
Psilogramma increta

天蛾科。成蟲110～130mm，幼蟲約90mm。本州～琉球群島。寄主植物為芝麻、毛泡桐及日本女貞。

成蟲

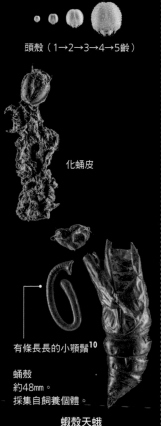

頭殼（1→2→3→4→5齡）

化蛹皮

有條長長的小顎鬚[10]

蛹殼
約48mm。
採集自飼養個體。

蝦殼天蛾

蛹殼
約62mm。
採集自飼養個體。

鬼臉天蛾（人面天蛾）

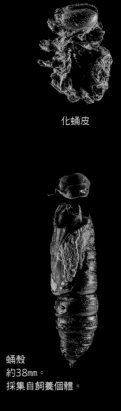

化蛹皮

蛹殼
約38mm。
採集自飼養個體。

紅節天蛾

蝦殼天蛾
Agrius convolvuli

天蛾科。成蟲80～105mm，幼蟲80～90mm。北海道～琉球群島。寄主植物為甘薯、日本打碗花及芝麻。成蟲在春季至秋季這段期間會發生2次。在土壤中挖出空間，並在裡頭化蛹、羽化。

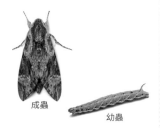

成蟲　　幼蟲

鬼臉天蛾（人面天蛾）
Acherontia lachesis

天蛾科。成蟲100～125mm，幼蟲80～90mm。本州～琉球群島。寄主植物有芝麻、茄子、蕃茄及白曼陀羅（南洋金花）。成蟲會在夏季出現。

成蟲　　　　幼蟲

紅節天蛾
Sphinx constricta

天蛾科。成蟲80～95mm，幼蟲約75mm。北海道～九州。寄主植物為鈍齒冬青、水蠟樹、莢蒾及珍珠繡線菊。成蟲在春季至夏季這段期間會發生2次。

成蟲

幼蟲

10　小顎鬚：蛹的頭部突出物，為口器的一部分。見於部分天蛾科。

13:35 在土中做出一個長橢圓形的蛹室

0:50 伸展身體，舊皮裂開，開始蛻皮

0:51 大約蛻下1/3

0:52 大約蛻下1/2

0:53 大約蛻下2/3

0:55 完成蛻皮

2:41 小顎鬚變長

18:21 整個身體變成褐色

蝦殼天蛾的羽化過程

7:58　蛹期約2週

8:00　蛹殼沿著蛻皮線裂開

8:00　一邊蛻皮，一邊擠出身體

8:01　從小顎鬚中拉出長長的口器

8:01　完成蛻皮，爬出地面

8:13　頭部朝上，抓住樹葉

8:28　翅膀靠在背方，舒展開來

9:18　翅膀收疊，成蟲誕生

鱗翅目

蛹殼
約46mm。
採集自飼養個體

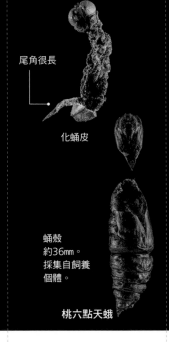

尾角很長

化蛹皮

蛹殼
約36mm。
採集自飼養
個體。

化蛹皮

波紋豆天蛾（豆天蛾）　　桃六點天蛾　　栗六點天蛾

波紋豆天蛾（豆天蛾）
Clanis bilineata

天蛾科。成蟲95～120mm，幼蟲
80～90mm。本州～琉球群島。
寄主植物為野葛、多花紫藤、胡
枝子類及刺槐（洋槐）。以前蛹
的狀態過冬，成蟲出現在夏季。

成蟲

幼蟲

桃六點天蛾
Marumba gaschkewitschii

天蛾科。成蟲70～90mm，幼蟲
70～80mm。北海道～九州。寄
主植物為櫻樹類、梅樹、蘋果樹
及衛矛。成蟲在春季至夏季這段
期間會發生2次。

成蟲

幼蟲

栗六點天蛾
Marumba sperchius

天蛾科。成蟲90～135mm，幼蟲
80～90mm。北海道～琉球群
島。寄主植物有枹櫟、黑櫟（小
葉青岡）及烏剛櫟。成蟲會在夏
季出現。

成蟲

幼蟲

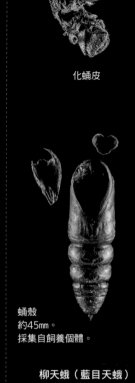

化蛹皮

頭殼

盾天蛾

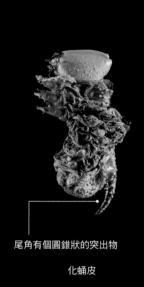

尾角有個圓錐狀的突出物

化蛹皮

蛹殼
約45mm。
採集自飼養個體。

化蛹皮

檫木鉤翅天蛾 | **柳天蛾（藍目天蛾）** | **背中白天蛾（葡萄天蛾）**

檫木鉤翅天蛾

Mimas christophi

天蛾科。成蟲60～80mm，幼蟲約60mm。北海道～九州。寄主植物為日本檫木（赤楊）及檫木。成蟲會在夏季出現。

成蟲

幼蟲

柳天蛾（藍目天蛾）

Smerinthus planus

天蛾科。成蟲70～110mm，幼蟲70～80mm。北海道～九州。寄主植物為垂柳、河柳及歐洲山楊。成蟲在春季至秋季這段期間會發生2次。

成蟲

幼蟲

盾天蛾

Phyllosphingia dissimilis

天蛾科。成蟲90～110mm，幼蟲約85mm。北海道～九州。寄主植物為核桃楸。

成蟲

背中白天蛾（葡萄天蛾）

Ampelophaga rubiginosa

天蛾科。成蟲75～100mm，幼蟲60～80mm。北海道～九州。寄主植物為爬牆虎（地錦）及蛇葡萄。

成蟲

頭殼（1→2→3→4→5齡）

化蛹皮

大透翅天蛾（咖啡透翅天蛾）

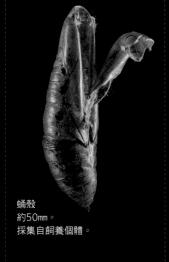

蛹殼
約50mm。
採集自飼養個體。

粉綠白腰天蛾（夾竹桃天蛾）

化蛹皮

蛹殼
約29mm。
9月上旬，
採集自飼養個體。

三角凹緣天蛾
（三角錐天蛾、喜馬錐天蛾）

大透翅天蛾（咖啡透翅天蛾）
Cephonodes hylas

天蛾科。成蟲50～70mm，幼蟲
60～65mm。本州～琉球群島。
寄主植物為梔子花及玉葉金花。
成蟲在春季至秋季這段期間會發
生2次。

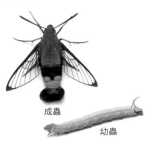

成蟲

幼蟲

粉綠白腰天蛾（夾竹桃天蛾）
Daphnis nerii

天蛾科。成蟲80～120mm，幼蟲
約70mm。本州～琉球群島。寄主
植物為夾竹桃及長春花。成蟲在
春季至秋季這段期間會多次發
生。

成蟲

幼蟲

**三角凹緣天蛾（三角錐天蛾、
喜馬錐天蛾）**
Neogurelca himachala

天蛾科。成蟲35～40mm，幼蟲
45～55mm。北海道～九州。寄
主植物為雞屎藤。成蟲在初夏至
秋季這段期間會發生2次。

成蟲

幼蟲

化蛹皮

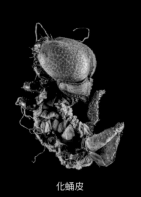

化蛹皮

蛹殼
約48mm。7月下旬，
採集自飼養個體。

蛹殼
約38mm。
採集自飼養
個體。

九節木長喙天蛾　　　　　　　紅天蛾　　　　　黃胸斜紋天蛾（雀紋天蛾）

九節木長喙天蛾
Macroglossum heliophilum

天蛾科。成蟲50～60mm，幼蟲50～55mm。琉球群島。寄主植物為九節木及拎壁龍（風不動藤）。成蟲會在夏季至秋季這段期間出現。

成蟲　　　　幼蟲

紅天蛾
Deilephila elpenor

天蛾科。成蟲50～70mm，幼蟲75～80mm。北海道～琉球群島。寄主植物為鳳仙花、野鳳仙花、光千屈菜及蓬子菜。成蟲在春季至秋季這段期間會發生2次。

成蟲　　　　幼蟲

黃胸斜紋天蛾（雀紋天蛾）
Theretra japonica

天蛾科。成蟲55～80mm，幼蟲75～80mm。北海道～琉球群島。寄主植物為虎葛（烏斂莓）、蛇葡萄、圓錐繡球及紅萼月見草（黃花月見草）。成蟲在春季至秋季這段期間會發生2次。

成蟲　　　　幼蟲

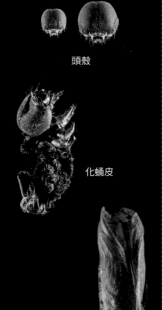

頭殼

化蛹皮

蛹殼
約42mm。
採集自飼養個體。

蛹殼
約43mm。
採集自飼養個體。

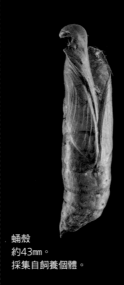

蛹殼
約43mm。
8月，採集自飼養
個體。

雙線條紋天蛾（芋雙線天蛾）

單斜紋天蛾 （芋單線天蛾）

蒙古白肩天蛾
（白肩天蛾、實點天蛾）

雙線條紋天蛾（芋雙線天蛾）
Theretra oldenlandiae

天蛾科。成蟲60～80mm，幼蟲
80～85mm。北海道～琉球群
島。寄主植物為里芋、虎葛（烏
斂莓）、蛇葡萄及鳳仙花。成蟲
在春季至秋季這段期間會發生2
次。

成蟲

幼蟲

單斜紋天蛾 （芋單線天蛾）
Theretra silhetensis

天蛾科。成蟲60～75mm，幼蟲
60～80mm。本州～琉球群島。
寄主植物為里芋及田芋。成蟲會
在春季至秋季這段期間出現。

成蟲

幼蟲

蒙古白肩天蛾（白肩天蛾、實
點天蛾）
Rhagastis mongoliana

天蛾科。成蟲50～60mm，幼蟲
50～70mm。本州～琉球群島。
寄主植物為虎葛（烏斂莓）、狹
葉南星及蓬子菜。成蟲在春季至
秋季這段期間會發生2次。

成蟲

幼蟲

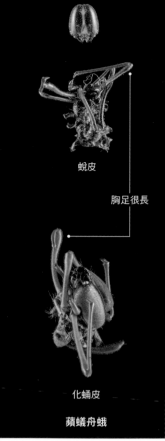

蛻皮

胸足很長

化蛹皮

蘋蟻舟蛾

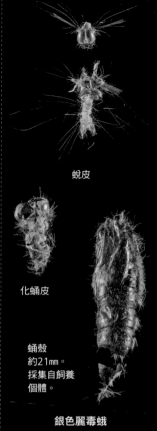

蛻皮

化蛹皮

蛹殼
約21mm。
採集自飼養
個體。

銀色麗毒蛾

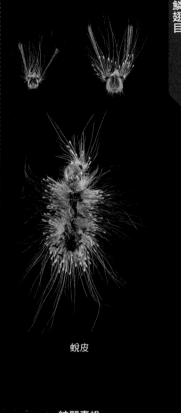

蛻皮

結麗毒蛾

蘋蟻舟蛾
Stauropus fagi

舟蛾科。成蟲51～65mm，幼蟲約45mm。北海道～九州。屬多食性，寄主植物為枹櫟、櫸樹及楓樹類。成蟲在春季至夏季這段期間會發生2次。幼蟲長長的胸足相當發達。

成蟲　　　　　　　　幼蟲

銀色麗毒蛾
Calliteara argentata

裳蛾科。成蟲42～66mm，幼蟲40～45mm。北海道～九州。寄主植物為日本柳杉、日本扁柏及喜馬拉雅杉。成蟲在春季至夏季這段期間會發生2次。

成蟲　　　　　　　　幼蟲

結麗毒蛾
Calliteara lunulata

裳蛾科。成蟲51～70mm，幼蟲50～55mm。北海道～琉球群島。寄主植物為麻櫟、枹櫟及板栗。成蟲在春季至夏季這段期間會發生2次。

成蟲

幼蟲

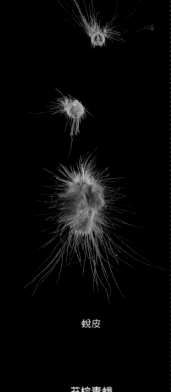

蛻皮

蛻皮

化蛹皮

蛻皮

蛹殼
約24mm。
採集自飼養
個體。

蛻皮

苔棕毒蛾

腎毒蛾

舞毒蛾

苔棕毒蛾
Ilema eurydice

毒蛾科。成蟲41～51mm，幼蟲35～40mm。北海道～九州。寄主植物為蛇葡萄、爬牆虎（地錦）及長葉繡球。成蟲會在夏季出現。

成蟲

幼蟲

腎毒蛾
Cifuna locuples

毒蛾科。成蟲32～43mm，幼蟲35～40mm。北海道～九州。屬多食性，寄主植物為多花紫藤、玫瑰、櫸樹及枹櫟。成蟲在春季至秋季這段期間會發生3次。

成蟲

幼蟲

舞毒蛾
Lymantria dispar

毒蛾科。成蟲48～77mm，幼蟲55～70mm。北海道～九州。屬多食性，寄主植物為染井吉野櫻、柳樹類、麻櫟及柿樹。成蟲會在夏季出現。

成蟲

幼蟲

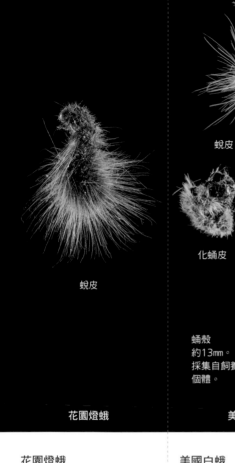

蛻皮

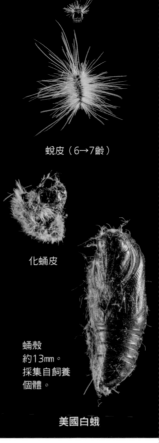

蛻皮（6→7齡）

化蛹皮

蛹殼
約13mm。
採集自飼養
個體。

蛻皮

花園燈蛾

美國白蛾

暗點燈蛾

花園燈蛾
Arctia caja

燈蛾科。成蟲62～80mm，幼蟲約60mm。北海道～本州。屬多食性，寄主植物為車前草、接骨木、桑樹及菊類。成蟲會在夏季出現。

成蟲

幼蟲

美國白蛾
Hyphantria cunea

燈蛾科。成蟲約32mm，幼蟲約30mm。北海道～九州。原產於美國的外來種。屬多食性，寄主植物為櫻樹類、枹櫟及桑樹。成蟲在春季至夏季這段期間會發生2次。7齡。

成蟲

幼蟲

暗點燈蛾
Lemyra imparilis

燈蛾科。成蟲41～48mm，幼蟲約50mm。北海道～九州。寄主植物為柳樹類、桑樹、枹櫟及齒葉溲疏。成蟲會在夏季出現。

成蟲

幼蟲

177

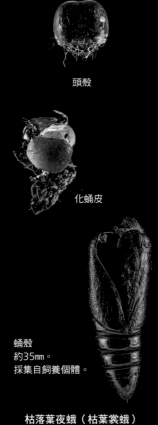

頭殼

化蛹皮

蛹殼
約35mm。
採集自飼養個體。

枯落葉夜蛾（枯葉裳蛾）

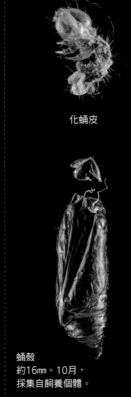

化蛹皮

蛹殼
約16mm。10月，
採集自飼養個體。

黑點銀紋夜蛾

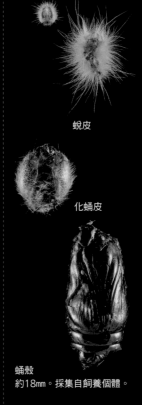

蛻皮

化蛹皮

蛹殼
約18mm。採集自飼養個體。

暗鈍夜蛾

枯落葉夜蛾（枯葉裳蛾）
Eudocima tyrannus

裳蛾科。成蟲90～105mm，幼蟲
約75mm。北海道～琉球群島。寄
主植物為五葉木通、木防己（土
牛入石）及十大功勞。成蟲會在
夏季至秋季這段期間發生2次。

成蟲

幼蟲

黑點銀紋夜蛾
Autographa nigrisigna

夜蛾科。成蟲36～37mm，若蟲
30～40mm。北海道～九州。寄
主植物為高麗菜、白菜、萵苣及
大豆。成蟲在春季至秋季這段期
間會多次發生。

成蟲

幼蟲

暗鈍夜蛾
Anacronicta caliginea

夜蛾科。成蟲39～46mm，幼蟲
約45mm。北海道～九州。幼蟲是
黃色的毛蟲，寄主植物為芒草。
成蟲在春季至夏季這段期間會發
生2次。化蛹皮及蛹殼會留在繭
內。

成蟲

幼蟲

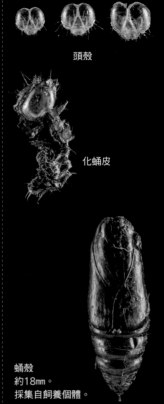

頭殼

化蛹皮

蛹殼
約18mm。
採集自飼養個體。

化蛹皮

蛹殼
約20mm。
採集自飼養個體。

棉鈴實夜蛾（番茄夜蛾）　　灰褐安尼夜蛾　　甘藍夜蛾

棉鈴實夜蛾（番茄夜蛾）
Helicoverpa armigera

夜蛾科。成蟲29〜39mm，幼蟲約35mm。北海道〜琉球群島。寄主植物為蕃茄、煙草、玉米及豌豆。成蟲在春季至秋季這段期間會發生2〜3次。

成蟲

幼蟲

灰褐安尼夜蛾
Anorthoa munda

夜蛾科。成蟲40〜45mm，幼蟲約41mm。北海道〜九州。寄主植物有李子、梅子、櫻樹類、柿樹及麻櫟。成蟲會在春季出現。

成蟲

幼蟲

甘藍夜蛾
Mamestra brassicae

夜蛾科。成蟲39〜49mm，幼蟲約40mm。北海道〜九州。寄主植物為玉米、高麗菜、萵苣及蘋果。成蟲在春季至夏季這段期間會發生2次。6齡。

成蟲

幼蟲

其他昆蟲的蛻

羽化的蟻蛉

　　「蟻地獄裡的蟻獅長大之後就是蟻
蛉」。雖然早就知道這個知識，卻要到
最近才有機會在野外目睹觀察。7月中
旬某天太陽下山之後，我在神社內看到
不少蟻獅的巢穴。

脈翅目昆蟲的成長和蛻皮

　　除了以蟻獅為名的幼蟲廣為人知的蟻蛉，脈翅目昆蟲還有長角蛉、草蛉及螳蛉，蛇蛉與黃石蛉也包括在內。脈翅目的成蟲擁有前後大小形狀幾乎一樣的膜狀翅膀，而且大多數的幼蟲都是捕食性的，並擁有長長的大顎。發育形式為完全變態，幼蟲成熟時會先經過蛹期再變為成蟲。

黃足蟻蛉

黃足蟻蛉的羽化過程

18:30　在土中做一個球狀的砂繭

18:31　在繭球上挖個洞之後再鑽出來

18:32　稍微擠出身體之後蛻皮

18:32　拉出前足及中足

18:33　蛻皮後爬至地面

18:58　爬上植物莖部，靜止不動

19:02　慢慢舒展翅膀

19:17　半透明的翅膀伸展開來

19:54　翅膀收合成屋脊形

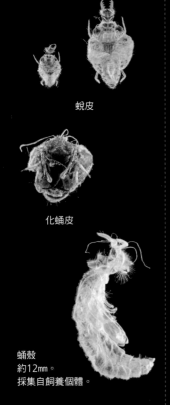

蛻皮

化蛹皮

蛹殼
約12mm。
採集自飼養個體。

黃足蟻蛉

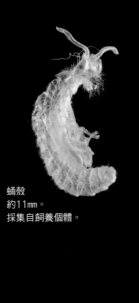

蛹殼
約11mm。
採集自飼養個體。

鉤臀蟻蛉

蛹殼
約13mm。
採集自飼養個體。

日本完眼蝶角蛉

黃足蟻蛉
Hagenomyia micans

蟻蛉科。成蟲75～83mm，幼蟲約12mm。北海道～琉球群島。幼蟲會在建築物的地板下、樹根處、鑿開的山路或水渠等處建造一個擂缽狀的巢穴。會在地底下的繭室裡化蛹，並在夏季羽化。3齡。

鉤臀蟻蛉
Myrmeleon bore

蟻蛉科。成蟲50～65mm，幼蟲約10mm。北海道～九州。幼蟲會在海濱或河堤旁的沙地裡建造一個擂缽狀的巢穴。會在築於地底下的繭室裡化蛹，並在夏季羽化。3齡。

日本完眼蝶角蛉
Protidricerus japonicus

長角蛉科。成蟲約85mm。本州～九州。棲息於山地。幼蟲形似蟻獅，但不築巢，以捕捉地表其他昆蟲為食。會結繭化蛹，並於夏季羽化。

成蟲　　　　幼蟲

成蟲　　　　幼蟲

成蟲　　　　幼蟲

雙翅目的成長和蛻皮

雙翅目在日本是一個非常龐大、類別超過數千種的族群，包括蠅、虻、蚊及大蚊等昆蟲。誠如其名，雖然牠們的後翅已經退化，只剩一對前翅，但照樣能飛翔自如。幼蟲生活在水中及土裡等各種環境之中，以有機物為食，有的則為捕食性及寄生性。發育形式為完全變態，幼蟲會經過蛹期，變為成蟲。

日本斑蚊的羽化過程

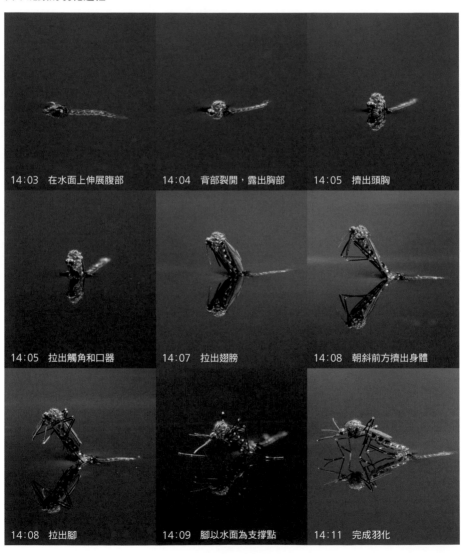

14：03　在水面上伸展腹部

14：04　背部裂開，露出胸部

14：05　擠出頭胸

14：05　拉出觸角和口器

14：07　拉出翅膀

14：08　朝斜前方擠出身體

14：08　拉出腳

14：09　腳以水面為支撐點

14：11　完成羽化

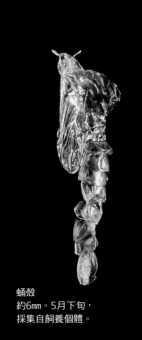

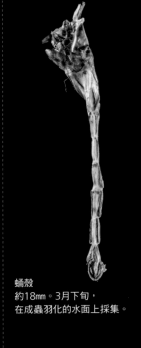

蛹殼
約18mm。3月下旬，
在成蟲羽化的水面上採集。

蛹殼
約6mm。5月下旬，
採集自飼養個體。

蛹殼
約13mm。7月，
採集自飼養個體。

| 日本斑蚊 | 搖蚊 | 星蜂虻 |

日本斑蚊
Aedes japanicus

蚊科。成蟲3～4mm。北海道～琉
球群島。幼蟲出現在樹林附近的
陰暗水坑中。羽化會在水面上進
行，蛹殼會暫時浮在水面上。

搖蚊
Chironomus plumosus

搖蚊科。成蟲約10mm，幼蟲約
20mm。北海道～九州。棲息於湖
泊中的大型搖蚊，春秋兩季會大
量出現在大型湖泊中。幼蟲生活
在泥底，蛹會先浮出水面再羽
化。4齡。

星蜂虻
Anthrax aygulus

蜂虻科。成蟲7～14mm。本州～
琉球群島。寄生在馬蜂類及切葉
蜂類等昆蟲巢穴中的蜂虻。成蟲
活躍於夏季。羽化時會稍微離開
巢穴，並將蛹殼留在原地。

成蟲　　　　幼蟲

成蟲　　　水面上的蛹殼

成蟲

蠅類的成長和蛻皮

在雙翅目當中,那些一般被稱為蒼蠅的昆蟲,例如食蚜蠅、果蠅、麗蠅及肉蠅等大多數都歸屬於環裂群(Cyclorrhapha),

幼蟲在化蛹時表皮會直接變硬結成蛹(稱為圍蛹)。蛹體前面有一條切割線,只要從內部推擠,蛹殼就會沿著這條線裂開。

果蠅科昆蟲的羽化過程

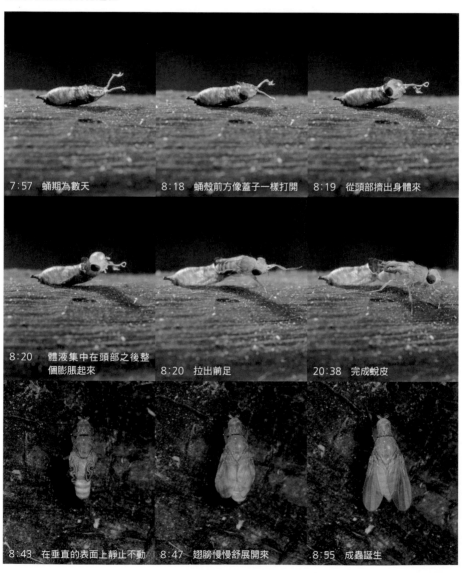

7:57 蛹期為數天

8:18 蛹殼前方像蓋子一樣打開

8:19 從頭部擠出身體來

8:20 體液集中在頭部之後整個膨脹起來

8:20 拉出前足

20:38 完成蛻皮

8:43 在垂直的表面上靜止不動

8:47 翅膀慢慢舒展開來

8:55 成蟲誕生

前方裂開，以便羽化

橢圓頂形

化蛹皮・蛹殼
約12㎜。5月中旬，
採集自飼養個體。

有一對呼吸管

化蛹皮・蛹殼
約4㎜。
採集自飼養個體。

沿著前面容易
斷裂的線裂開

蛹殼與化蛹皮重疊

化蛹皮・蛹殼
約7㎜。採集自飼養個體。

微蚜蠅屬昆蟲　　　　　果蠅科昆蟲　　　　　綠蠅屬昆蟲

微蚜蠅屬昆蟲
Microdon auricomus

食蚜蠅科。成蟲12～14㎜，幼蟲約10㎜。本州～九州。日本微蚜蠅的一種，幼蟲會在蟻巢中成長。活躍於平地至山地之間的日本山蟻巢穴中。5月羽化。

成蟲

幼蟲與其
寄主日本山蟻

果蠅科昆蟲
Drosophilidae gen. sp.

果蠅科。成蟲約3㎜，幼蟲約4㎜。本種出現在室外成熟的香蕉上。果蠅可在野外或家中成熟水果或樹液中找到蹤影。蛹為圍蛹，數日後即可羽化。

成蟲　　　幼蟲

綠蠅屬昆蟲
Lucilia sp.

麗蠅科。成蟲約10㎜。此物種出現在室外的腐肉中。綠蠅是一種具有金綠色光澤的蒼蠅，幼蟲以腐爛的食物和動物屍體為食。幼蟲成熟之後會變成圍蛹，羽化時蛹前方會以圓環狀裂開。

成蟲

膜翅目的成長和蛻皮

膜翅目是包括蜂和蟻在內的一大族群，在日本已知有4000多種。這個物種的昆蟲有以植物花粉及花蜜為食的花蜂、產卵管特化為螫針的狩蜂、以女王蜂與工蜂為成員而且具有社會性的虎頭蜂（胡蜂）、寄生於其他昆蟲上的寄生蜂、幼蟲以植物葉子為食的葉蜂，以及發展出高度社會性的蟻類，生態相當豐富。膜翅目的發育形式是屬於從幼蟲化為蛹，再轉變為成蟲的完全變態。

黃緣前喙蜾蠃（黃緣蜾蠃）的化蛹過程

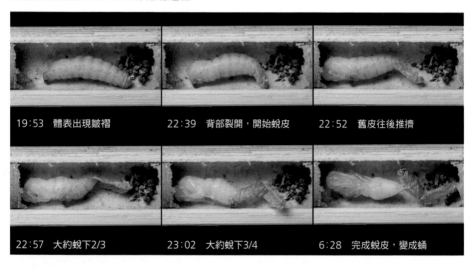

19:53　體表出現皺褶

22:39　背部裂開，開始蛻皮

22:52　舊皮往後推擠

22:57　大約蛻下2/3

23:02　大約蛻下3/4

6:28　完成蛻皮，變成蛹

黃緣前喙蜾蠃的羽化過程

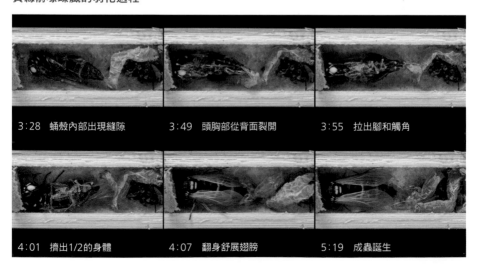

3:28　蛹殼內部出現縫隙

3:49　頭胸部從背面裂開

3:55　拉出腳和觸角

4:01　擠出1/2的身體

4:07　翻身舒展翅膀

5:19　成蟲誕生

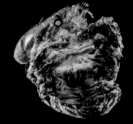

整個壓扁，留在繭裡

化蛹皮

化蛹皮

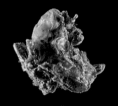

留在繭裡

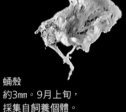

蛹殼
約3mm。9月上旬，
採集自飼養個體。

蛹殼
約5mm。採集自飼養個體。

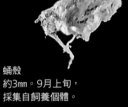

聚緊壓在繭底

化蛹皮·蛹殼
約6mm。
從朽木的空繭中採集。

| 歐洲松葉蜂 | 樺木蜂 | 紅紋土蜂 |

歐洲松葉蜂
Neodiprion sertifer

松葉蜂科。成蟲6～9mm，幼蟲約20mm。北海道～九州。幼蟲在春季會成群聚集在赤松上，以松葉為食。會結繭化蛹，並於秋季羽化。

成蟲　　幼蟲

樺木蜂
Cimbex femoratus

錘角葉蜂科。成蟲14～28mm，幼蟲約50mm。北海道～四國。幼蟲以白樺和樺樹等葉子為食。會結繭化蛹，成蟲於夏季出現。

成蟲　　幼蟲

紅紋土蜂
Scolia fascinata

土蜂科。成蟲15～25mm，幼蟲約28mm。北海道～琉球群島。大多數的土蜂通常會捕捉生活在土裡的金龜子幼蟲為食，不過這種土蜂卻是以朽木中的鍬形蟲幼蟲為食。會結繭化蛹，成蟲於夏季出現。

成蟲　　繭

膜翅目

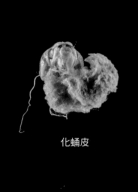

化蛹皮

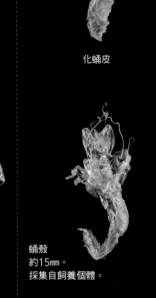

化蛹皮

化蛹皮

蛹殼
約8mm。
採集自飼養個體。

蛹殼
約15mm。
採集自飼養個體。

蛹殼
約5mm。
從舊巢中收集。

鑲銹平唇蜾蠃（褐胸泥壺蜂）

黃緣前喙蜾蠃（黃緣蜾蠃）

黃腳凹背蜾蠃

鑲銹平唇蜾蠃（褐胸泥壺蜂）
Oreumenes decoratus
胡蜂科。成蟲25～27mm。北海
道～琉球群島。會利用泥土建造
圓頂形巢穴，捕捉尺蛾幼蟲的一
種蜾蠃。幼蟲會在巢裡化蛹、羽
化。

黃緣前喙蜾蠃（黃緣蜾蠃）
Anterhynchium flavomarginatum
胡蜂科。成蟲11～21mm。北海
道～琉球群島。會在竹筒裡築
巢，捕食捲葉蛾幼蟲。幼蟲會在
巢裡化蛹、羽化。

黃腳凹背蜾蠃
Eumenes rubrofemoratus
胡蜂科。成蟲10～12mm。本
州～九州。會利用泥土建造酒壺
形的巢穴，捕食尺蛾的幼蟲。會
在巢裡化蛹及羽化。成蟲會在春
季至秋季這段期間發生2次。

成蟲　　　　　幼蟲

成蟲

建造泥巢的成蟲

190

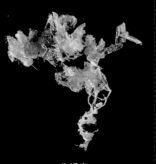

化蛹皮

化蛹皮

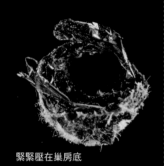

緊緊壓在巢房底

蛻皮～蛹殼
約6mm。從舊巢中收集。

蛹殼
約4mm。
採集自飼養個體。

蛹殼
約13mm。7月，
採集自飼養個體。

| 黑紋長腳蜂（黃長腳蜂） | 角額壁蜂 | 黃胸木蜂 |

黑紋長腳蜂（黃長腳蜂）
Polistes rothneyi

胡蜂科。成蟲21～26mm，幼蟲18～20mm。北海道～九州。巢穴會建造在里山至山地之間的建築物或庭院樹木上。每次蛻皮幼蟲都會先將皮殼緊壓在育嬰房底部，之後再黏著在腹節末端。一旦成熟，就會在育嬰房上搭個蓋子，並在裡頭化蛹、羽化。

角額壁蜂
Osmia cornifrons

切葉蜂科。成蟲8～13mm。北海道～本州。習慣在竹筒裡建造育嬰房。幼蟲成長期間以花粉塊為食，並在巢裡化蛹、羽化。果樹授粉時可派上用場。

黃胸木蜂
Xylocopa appendiculata circumvolans

蜜蜂科。成蟲18～25mm，幼蟲約25mm。北海道～九州。習慣在枯枝等處挖洞築巢。幼蟲成長期間以花粉塊為食，並在蜂窩裡化蛹、羽化。

成蟲　　　　蜂窩（剖面）

成蟲　　　　幼蟲

成蟲　　　　幼蟲

蜘蛛的蛻（其他節肢動物）

蛻皮的橫紋金蛛

　　8月中旬，田埂旁的水路上有個蜘蛛網，橫紋金蛛正在上面蛻皮。一抽出腳，整個身體吊掛在救生繩上。儘管風吹搖曳，蜘蛛依舊懸掛在上，似乎在等待身體變硬。

橫紋金蛛的蛻皮過程

10:23　從背部擠出身體

10:51　慢慢拉出腳

10:26　從拉出的腳慢慢舒展身體

10:27　吐絲懸掛在蜘蛛網上，靜止不動

11:05　將腳掛在蜘蛛網上

11:48　救生繩斷裂

球鼠婦的蛻皮過程

9:50　身體的後半部開始蛻皮

10:11　一邊前進，一邊蛻皮

10:54　蛻皮之後吃下舊蛻

15:47　身體的前半部開始蛻皮

16:03　一邊後退，一邊蛻皮

19:22　完成蛻皮，吃下舊蛻

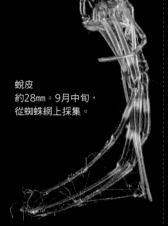

蛻皮
約28mm。9月中旬，
從蜘蛛網上採集。

蛻皮
約27mm。8月中旬，
從蜘蛛網上採集。

蛻皮
約35mm。
採集自飼養個體。

| 橫帶人面蜘蛛 | 橫紋金蛛 | 鉗高腳蛛 |

橫帶人面蜘蛛
Nephila clavata

絡新婦科。成體20～30mm。本州～琉球群島。棲息在住家附近至山地之間、活躍範圍廣泛的大型蜘蛛。會吐絲織出一張馬蹄形的圓網。蛻皮會暫時留在蜘蛛網上一段時間。

成蛛

剛蛻完皮的
若蛛和蛻皮

橫紋金蛛
Argiope bruennichii

金蛛科。成體20～25mm。北海道～琉球群島。棲息於平地至山地之間的水田、河岸、草地及森林邊緣地帶。會在草木之間編織一個帶有直線型隱帶的圓網。

成蛛

鉗高腳蛛
Sinopoda forcipata

高腳蛛科。成體20～25mm。本州～九州。活躍於平地至山地的住家、石牆、洞穴及樹木上。不結網，白天藏身在陰暗處，晚上會現身捕捉獵物。

若蛛

195

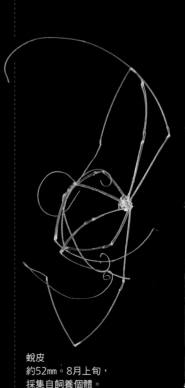

蛻皮
前後皆約7mm。
採集自飼養個體。

蛻皮
前後皆約6mm。
採集自飼養個體。

蛻皮
約52mm。8月上旬，
採集自飼養個體。

球鼠婦

糙瓷鼠婦

盲蛛目的一種

球鼠婦
Armadillidium vulgare

球鼠婦科。成體約14mm。北海道～琉球群島。以將身體捲成球形而聞名。活躍於住家附近、公園及田野。蛻皮時後半與前半分開進行，蛻下的皮通常會吃掉。

糙瓷鼠婦
Porcellio scaber

鼠婦科。成體約12mm。北海道～四國。與前種鼠婦一同活躍於住家附近及田野中。蛻皮時前後會分開進行，蛻下的皮通常會吃掉。

盲蛛目的一種
Opiliones fam. gen. sp.

該物種是在林間溪流沿岸發現的。盲蛛擁有四對細長的腳，主要活動在森林的灌木上。以捕捉昆蟲等小動物為食。會留下細長的腳蛻。

成體

成體

蛻皮

在枯枝下面蛻皮

索引

索引

索引

参考文献

《昆虫の生物学（第二版）》松香光夫・大野正男・北野日出男・後閑暢夫・松本忠夫、玉川大學出版部，1992年

《脱皮と変態の生物学—昆虫と甲殻類のホルモン作用の謎を追う》園部治之・長澤寛道，東海大學出版會，2011年

《日本産幼虫図鑑》學研編輯部（編），學研Plus，2005年

《原色川虫図鑑（幼虫編）》谷田一三（監），丸山博紀・高井幹夫（著），全國農村教育協會，2016年

《原色川虫図鑑（成虫編）》丸山博紀・花田聰子（編），全國農村教育協會，2016年

《日本のトンボ》尾園暁・川島逸郎・二橋亮，文一總合出版，2012年

《水生昆虫3ヤゴハンドブック》尾園暁・川島逸郎・二橋亮，文一總合出版，2019年

《バッタ・コオロギ・キリギリス大図鑑》日本直翅類學會（編），北海道大學出版會，2006年

《日本産直翅類標準図鑑》町田龍一郎（監），日本直翅類學会（編），學研Plus，2016年

《セミハンドブック》税所康正，文一總合出版，2019年

《改訂版　日本産セミ科図鑑》林正美・税所康正（編），誠文堂新光社，2015年

《身近な生きもの調査セミのぬけがら》生物多様性中心

http://www.biodic.go.jp/reports2/5th/95_tebiki/5_95_tebiki.pdf

《日本原色アブラムシ図鑑》森津孫四郎，全國農村教育協會，1983年

《原色日本昆虫図鑑（下）》伊藤修四郎・奥谷禎一，日浦勇（編），保育社，1977年

《水生昆虫2タガメ・ミズムシ・アメンボハンドブック》三田村敏正・平澤桂・吉井重幸（著），北野忠（監），文一總合出版，2017年

《日本原色カメムシ図鑑陸生カメムシ類》友國雅章（監），安永智秀・高井幹夫・山下泉・川村滿・川澤哲夫（著），全國農村教育協會，1993年

《原色日本甲虫図鑑II》上野俊一・黒澤良彦・佐藤正孝（編），保育社，1985年

《原色日本甲虫図鑑DI》黒澤良彦・久松定成・佐佐治寛之（編），保育社，1985年

《原色日本甲虫図鑑IV》林匡夫・森本桂・木元新作（編），保育社，1984年

《クワガタムシハンドブック増補改訂版》横川忠司，文一總合出版，2019年

《原色日本蝶類生態図鑑I〜IV》福田晴夫・濱榮一・葛谷健・高橋昭・高橋真弓・田中蕃・田中洋・若林守男・渡邊康之（著），保育社，1982〜1984年

《日本産蛾類生態図鑑》杉繁郎（編），山本光人・中臣謙太郎・佐藤力夫・中島秀雄・大和田守（著），講談社，1987年

《イモムシハンドブック①〜③》安田守（著），高橋真弓・中島秀雄・四方圭一郎（監），文一總合出版，2010-2014年

《日本産ハバチ・キバチ類図鑑》内藤親彦・篠原明彦・原秀穂（著），伊藤ふくお（写真），北海道大學出版會，2020年

《日本産有剣ハチ類図鑑》寺山守・須田博久（編），東海大學出版部，2016年

《日本産土壌動物第二版——分類のための図解検索》青木淳一（編），東海大學出版部，2015年

協力

飯田市美術博物館

小野寺宏文

斉藤創

四方圭一郎

三田村敏正

盛口満

米山富和

封面節肢動物空殼介紹

❶ 鉗高腳蛛 蛻皮
❷ 枯落葉夜蛾（枯葉裳蛾）
　蛻皮
　化蛹皮
　蛹殼
❸ 狄氏大田鱉 羽化蛻
❹ 獨角仙 蛹殼
❺ 雙黑目天蠶蛾 蛹殼
❻ 小指蟬 羽化蛻
❼ 無霸勾蜓 羽化蛻

❻　小指蟬 羽化蛻

昆蟲打從一出生，
就爲了變爲成蟲而不斷成長。
一旦變爲成蟲，原本的幼蟲及蛹體的模樣就會消失匿跡，
但是牠們每個成長過程的模樣都會藉由蛻皮展現出來。
所以每一次蛻皮，就會爲昆蟲留下成長記錄。
這些就是世界上獨一無二的「蟲蛻」。

令人歎爲觀止的
昆蟲蛻皮圖鑑

安田守／著　何嫺旎／譯
臺北市立動物園昆蟲館館長唐欣潔／審訂

❻

MOLTING IN
ARTHROPODS

令人歎爲觀止的
**昆蟲蛻皮
圖鑑**

安田守／著　何嫺旎／譯
臺北市立動物園昆蟲館館長唐欣潔／審訂

透過288種美麗「蟲蛻」
來探索昆蟲世界的奧祕

宛如自然藝術品般的蟲蛻，
演繹著昆蟲們獨特而精彩的生命軌跡
讓我們透過日本專業生物攝影的558幀照片，
一同神遊山林田野，窺探昆蟲曾經的絕美姿態吧！

東販出版

東販出版

❽　日本油蟬的羽化

作者介紹

安田 守 （やすだ・まもる）

▶生物攝影師。
1963年出生於京都府，千葉大學研究所肄業。
曾為國高中理科老師，之後成為攝影師。
以信州伊那谷為據點，拍攝鄰近里山的昆蟲等生物與大自然，範圍相當廣泛。同時還參與
製作一般科普書、圖鑑及兒童書籍。

主要著作
《イモムシハンドブック①～③》
《オトシブミハンドブック》
《冬虫夏草ハンドブック》
《イモムシの教科書》（以上為文一總合出版）
《集めて楽しむ昆虫コレクション》（山與溪谷社）
《うまれたよ！シデムシ》
《ひろって調べる落ち葉のずかん》（以上為岩崎書店）
《ぜんぶわかる！ジャガイモ》（ポプラ社）
《骨の学校》（木魂社）等圖書作品。

審訂人簡介

唐欣潔

▶現任臺北市立動物園昆蟲館館長。國立中興大學昆蟲系碩士。讀高中時，意外發現有昆蟲
系而一頭栽進昆蟲世界。從事昆蟲科普推廣多年，希望讓更多人從害怕與討厭昆蟲到漸漸
接受與願意探索。

令人歎為觀止的昆蟲蛻皮圖鑑

透過228種美麗「蟲蛻」來探索昆蟲世界的奧祕

2022年5月1日初版第一刷發行

作　　者　安田守
譯　　者　何姵儀
編　　輯　吳元晴
美術設計　寶元玉
發 行 人　南部裕
發 行 所　台灣東販股份有限公司
　　　　　＜地址＞台北市南京東路4段130號2F-1
　　　　　＜電話＞(02)2577-8878
　　　　　＜傳真＞(02)2577-8896
　　　　　＜網址＞www.tohan.com.tw
郵撥帳號　1405049-4
法律顧問　蕭雄淋律師
總 經 銷　聯合發行股份有限公司
　　　　　＜電話＞(02)2917-8022

購買本書者，如遇缺頁或裝訂錯誤，
請寄回調換（海外地區除外）。
Printed in Taiwan

國家圖書館出版品預行編目資料

令人歎為觀止的昆蟲蛻皮圖鑑：透過288種
美麗「蟲蛻」來探索昆蟲世界的奧祕/安田
守作；何姵儀譯. -- 初版. -- 臺北市：臺
灣東販股份有限公司, 2022.05
204面；14.8×21公分
ISBN 978-626-329-215-4(平裝)

1.CST: 昆蟲學 2.CST: 昆蟲

387.7　　　　　　　　　　111004419

MUSHI NO NUKEGARA ZUKAN
© MAMORU YASUDA 2021
Originally published in Japan in 2021 by
BERET PUBLISHING CO., LTD., TOKYO.
Traditional Chinese translation rights arranged with
BERET PUBLISHING CO., LTD., TOKYO, through
TOHAN CORPORATION, TOKYO.

TOHAN